JN021403

算数検定

実用数学技能検定® 数検
過去問題集
THE MATHEMATICS CERTIFICATION INSTITUTE OF JAPAN
[THE 6th GRADE]

6級

6

公益財団法人 日本数学検定協会

まえがき

　プログラミング教育が話題となっていますが，小学校でどのような授業が行われるか気になりませんか？

　文部科学省が示した小学校プログラミング教育のねらいの中で，将来どのような職業につくとしても求められる力として「プログラミング的思考」がかかげられ，「自分が意図する一連の活動を実現するために，どのような動きの組合せが必要であり，一つ一つの動きに対応した記号を，どのように組み合わせたらいいのか，記号の組合せをどのように改善していけば，より意図した活動に近づくのか，といったことを論理的に考えていく力」と説明されています。たとえば，同じおかしを何個かお皿にのせたときの重さを計算するときにかけ算とたし算をどのような順番で使えばよいか考えたり，進んでいる方向と逆の方向に進んで元の位置にもどりたいときに何度回転して何m進めばよいか考えたりする場面で，記号や数などを適切に用いて，自分がめざす結果や動きを実現できる思考力が大切です。

　算数検定8級（小学校4年生程度）から6級（小学校6年生程度）まででは，習得したスキルをさまざまな場面に合わせて活用し，思考力を働かせて解決する問題が出題されるため，その良さに気づくことを体感できます。たとえば，新聞を読むと，前年度差や推移を表したグラフなどを目にします。このような表やグラフが社会や生活で担う役割を知ることができるような問題が出題されたりします。算数検定8級から6級までの学習に取り組むことは，現代社会のさまざまな課題を正しく認識し，その社会課題を解決するためのさまざまな力を身につけることにつながります。このさまざまな力の中の重要なものとしてプログラミング的思考があるのです。

　4年ごとに行われる「IEA国際数学・理科教育動向調査」（TIMSS）の結果において，「数学を勉強すると，日常生活に役立つか？」という中学生への質問に対し，「強くそう思う」「そう思う」と答えた日本の生徒の割合は増加傾向にあるものの国際平均を下回っています。算数を学ぶことでプログラミング的思考などのさまざまな力がつちかわれ，それらが社会課題の解決と結びつくことが理解できると，算数の学習が日常生活に役立つということに気づくことができます。ぜひ，この機会に算数による気づきを体感してください。

公益財団法人　日本数学検定協会

目　次

別冊　各問題の解答と解説は別冊に掲載されています。
本体から取り外して使うこともできます。

検定概要

「実用数学技能検定」とは

「実用数学技能検定」（後援＝文部科学省。対象：1〜11級）は，数学・算数の実用的な技能（計算・作図・表現・測定・整理・統計・証明）を測る「記述式」の検定で，公益財団法人日本数学検定協会が実施している全国レベルの実力・絶対評価システムです。

検定階級

1級，準1級，2級，準2級，3級，4級，5級，6級，7級，8級，9級，10級，11級，かず・かたち検定のゴールドスター，シルバースターがあります。おもに，数学領域である1級から5級までを「数学検定」と呼び，算数領域である6級から11級，かず・かたち検定までを「算数検定」と呼びます。

1次：計算技能検定／2次：数理技能検定

数学検定（1〜5級）には，計算技能を測る「1次：計算技能検定」と数理応用技能を測る「2次：数理技能検定」があります。算数検定（6〜11級，かず・かたち検定）には，1次・2次の区分はありません。

「実用数学技能検定」の特長とメリット

① 「記述式」の検定

解答を記述することで，答えに至る過程や結果について理解しているかどうかをみることができます。

② 学年をまたぐ幅広い出題範囲

準1級から10級までの出題範囲は，目安となる学年とその下の学年の2学年分または3学年分にわたります。1年前，2年前に学習した内容の理解についても確認することができます。

③ 取り組みがかたちになる

検定合格者には「合格証」を発行します。算数検定では，合格点に満たない場合でも，「未来期待証」を発行し，算数の学習への取り組みを証します。

合格証

未来期待証

4

受検方法

受検方法によって，検定日や検定料，受検できる階級や申込方法などが異なります。くわしくは公式サイトでご確認ください。

個人受検

個人受検とは，協会が全国主要都市に設けた個人受検会場で受検する方法です。検定は年に3回実施します。

提携会場受検

提携会場受検とは，協会が提携した機関が設けた会場で受検する方法です。実施する検定回や階級は，会場ごとに異なります。

団体受検

団体受検とは，学校や学習塾などで受検する方法です。団体が選択した検定日に実施されます。くわしくは学校や学習塾にお問い合わせください。

検定日当日の持ち物

持ち物＼階級	1～5級 1次	1～5級 2次	6～8級	9～11級	かず・かたち検定
受検証 (写真貼付)※1	必須	必須	必須	必須	
鉛筆またはシャープペンシル (黒のHB・B・2B)	必須	必須	必須	必須	必須
消しゴム	必須	必須	必須	必須	必須
ものさし (定規)		必須	必須	必須	
コンパス		必須	必須		
分度器			必須		
電卓 (算盤)※2		使用可			

※1 個人受検と提携会場受検のみ
※2 使用できる電卓の種類 ○一般的な電卓 ○関数電卓 ○グラフ電卓
　　通信機能や印刷機能をもつもの，携帯電話・スマートフォン・電子辞書・パソコンなどの電卓機能は使用できません。

階級の構成

階級		構成	検定時間	出題数	合格基準	目安となる学年
数学検定	1級	1次：計算技能検定 2次：数理技能検定 があります。 はじめて受検するときは1次・2次両方を受検します。	1次：60分 2次：120分	1次：7問 2次：2題必須・5題より2題選択	1次：全問題の70%程度 2次：全問題の60%程度	大学程度・一般
	準1級					高校3年程度（数学Ⅲ程度）
	2級		1次：50分 2次：90分	1次：15問 2次：2題必須・5題より3題選択		高校2年程度（数学Ⅱ・数学B程度）
	準2級			1次：15問 2次：10問		高校1年程度（数学Ⅰ・数学A程度）
	3級		1次：50分 2次：60分	1次：30問 2次：20問		中学校3年程度
	4級					中学校2年程度
	5級					中学校1年程度
算数検定	6級	1次／2次の区分はありません。	50分	30問	全問題の70%程度	小学校6年程度
	7級					小学校5年程度
	8級					小学校4年程度
	9級		40分	20問		小学校3年程度
	10級					小学校2年程度
	11級					小学校1年程度
かずかたち検定	ゴールドスター			15問	10問	幼児
	シルバースター					

6級の検定基準（抄）

検定の内容	技能の概要	目安となる学年
分数を含む四則混合計算，円の面積，円柱・角柱の体積，縮図・拡大図，対称性などの理解，基本的単位の理解，比の理解，比例や反比例の理解，資料の整理，簡単な文字と式，簡単な測定や計量の理解 など	**身近な生活に役立つ算数技能** ①容器に入っている液体などの計量ができる。 ②地図上で実際の大きさや広さを算出することができる。 ③２つのものの関係を比やグラフで表示することができる。 ④簡単な資料の整理をしたり，表にまとめたりすることができる。	小学校6年程度
整数や小数の四則混合計算，約数・倍数，分数の加減，三角形・四角形の面積，三角形・四角形の内角の和，立方体・直方体の体積，平均，単位量あたりの大きさ，多角形，図形の合同，円周の長さ，角柱・円柱，簡単な比例，基本的なグラフの表現，割合や百分率の理解 など	**身近な生活に役立つ算数技能** ①コインの数や紙幣の枚数を数えることができ，金銭の計算や授受を確実に行うことができる。 ②複数の物の数や量の比較を円グラフや帯グラフなどで表示することができる。 ③消費税などを算出できる。	小学校5年程度

6級の検定内容の構造

小学校6年程度	小学校5年程度	特有問題
45%	45%	10%

※割合はおおよその目安です。
※検定内容の10％にあたる問題は，実用数学技能検定特有の問題です。

6級

算数検定
実用数学技能検定®
[文部科学省後援]

第1回 〔検定時間〕50分

――― 検定上の注意 ―――

1. 自分が受検する階級の問題用紙であるか確認してください。

2. 検定開始の合図があるまで問題用紙を開かないでください。

3. 解答用紙の名前・受検番号・生年月日のらんは，書きもれのないように書いてください。

4. この表紙の右下のらんに，名前・受検番号を書いてください。

5. ものさし・分度器・コンパスを使用することができます。電卓を使用することはできません。

6. 携帯電話は電源を切り，検定中に使用しないでください。

7. 答えはすべて解答用紙に書いてください。

8. 答えが分数になるとき，約分してもっとも簡単な分数にしてください。

9. 問題用紙に印刷のはっきりしない部分がありましたら，検定監督官に申し出てください。

10. 検定が終わったら，この問題用紙は解答用紙といっしょに集めます。

下記の「個人情報の取扱い」についてご同意いただいたうえでご提出ください。

【このフォームでお預かりするすべての個人情報の取り扱いについて】

1. 事業者の名称　公益財団法人日本数学検定協会

2. 個人情報保護管理者の職名，所属および連絡先
   管理者職名：個人情報保護管理者
   所属部署：事務局　事務局次長　　連絡先：03-5812-8340

3. 個人情報の利用目的　受検者情報の管理，採点，本人確認のため。

4. 個人情報の第三者への提供　団体窓口経由でお申込みの場合は，検定結果を通知するために，申し込み情報，氏名，受検階級，成績を，Webでのお知らせまたはFAX，送付，電子メール添付などにより，お申し込みもとの団体様に提供します。

5. 個人情報取り扱いの委託　前項利用目的の範囲に限って個人情報を外部に委託することがあります。

6. 個人情報の開示等の請求　ご本人様はご自身の個人情報の開示等に関して，下記の当協会お問い合わせ窓口に申し出ることができます。その際，当協会はご本人様を確認させていただいたうえで，合理的な対応を期間内にいたします。

【問い合わせ窓口】
公益財団法人日本数学検定協会　検定問い合わせ係
〒110-0005 東京都台東区上野 5-1-1 文昌堂ビル6階
TEL：03-5812-8340　電話問い合わせ時間 月〜金 9:30-17:00
（祝日・年末年始・当協会の休業日を除く）

7. 個人情報を提供されることの任意性について
ご本人様が当協会に個人情報を提供されるかどうかは任意によるものです。ただし正しい情報をいただけない場合，適切な対応ができない場合があります。

名 前	
受検番号	－

公益財団法人 日本数学検定協会

9

1 次の計算をしましょう。 （計算技能）

（1） 3.75×4.8

（2） $9.45 - 5.67 \div 6.3$

（3） $1\dfrac{7}{24} + \dfrac{5}{8}$

（4） $2\dfrac{1}{6} - 1\dfrac{3}{5}$

（5） $\dfrac{10}{21} \times 14$

（6） $\dfrac{8}{9} \div 12$

（7） $2\dfrac{2}{9} \times 1\dfrac{3}{5}$

（8） $3\dfrac{3}{4} \div 1\dfrac{1}{14}$

2 次の問題に答えましょう。

(9) 次の（　）の中の数の最大公約数を求めましょう。

（24，32）

(10) 次の（　）の中の数の最小公倍数を求めましょう。

（12，15，40）

3 次の比をもっとも簡単な整数の比にしましょう。

(11) 27：45

(12) $\dfrac{5}{6}$：$\dfrac{1}{18}$

4 次の □ にあてはまる数を求めましょう。

(13) 0.912を100倍した数は □ です。

(14) $\dfrac{1}{8}$ を小数で表すと □ です。

(15) 7：4 ＝ □ ：24

5 1から25までの整数について，次の問題に答えましょう。

(16) 奇数は全部で何個ありますか。

(17) いちばん大きい偶数からいちばん小さい奇数をひいた数を求めましょう。

6 なおこさんは，スーパーマーケットでりんごを2ふくろ買いました。1つのふくろにはMサイズのりんごが3個入っていました。もう1つのふくろにはSサイズのりんごが5個入っていました。そこで，りんごの重さを1個ずつ量ったところ，下の表のようになりました。これについて，次の問題に答えましょう。

| Mサイズ(g) | 313 | 329 | 318 | | |
| Sサイズ(g) | 278 | 285 | 266 | 261 | ア |

(18) Mサイズのりんごの重さの平均は何gですか。

(19) Sサイズのりんごの重さの平均が270gのとき，表のアにあてはまる数を求めましょう。

7 下の図形の面積は，それぞれ何 cm² ですか。単位をつけて答えましょう。

(20) 三角形

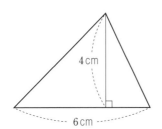

(21) 台形

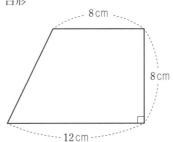

8 右の柱状グラフは，なつみさんのクラス30人の身長を調べてまとめたものです。たとえば，130cm 以上135cm 未満の人は2人であることがわかります。これについて，次の問題に答えましょう。

（統計技能）

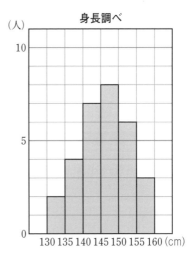

身長調べ

(22) なつみさんの身長は148cm です。なつみさんは，どの階級に入っていますか。

(23) 身長が150cm 以上の人は，全部で何人ですか。

(24) 身長が155cm 以上160cm 未満の階級の人数は，クラス全体の何％ですか。この問題は，式と答えを書きましょう。

9 みはるさんは，ある本を３日かけて読みました。１日めは６０ページ，２日めは７２ページ読みました。このとき，次の問題に答えましょう。

(25) １日めに読んだページ数と２日めに読んだページ数の比をもっとも簡単な整数の比で表しましょう。

(26) １日めに読んだページ数と３日めに読んだページ数の比は５：３でした。みはるさんが３日めに読んだページ数は何ページですか。

10 右の図は，正六角形と正三角形を組み合わせた線対称な図形です。これについて，次の問題に答えましょう。

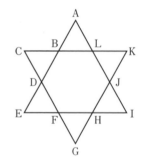

(27) 直線AGを対称の軸とみたとき，辺DEに対応する辺はどれですか。

(28) 直線AGもふくめて対称の軸は全部で何本ありますか。

11 　あるバスは，駅前→中町1丁目→中町2丁目→北町1丁目→北町2丁目の順番に走ります。たつやさんは，それぞれの停留所まで行くのにかかる時間を調べて下の表にまとめています。

　たとえば，「駅前」から「中町2丁目」まで行くのに，4.5分かかることがわかります。これについて，次の問題に答えましょう。　　　　　　　（整理技能）

（分）

駅前	1.5	4.5	7	11
	中町1丁目	3	5.5	9.5
		中町2丁目	2.5	6.5
			北町1丁目	ア
				北町2丁目

(29)　中町1丁目から北町2丁目まで行くのにかかる時間は，何分ですか。

(30)　表のアにあてはまる数は何ですか。

1	(1)	
	(2)	
	(3)	
	(4)	
	(5)	
	(6)	
	(7)	
	(8)	
2	(9)	
	(10)	

3	(11)	：
	(12)	：
4	(13)	
	(14)	
	(15)	
5	(16)	個
	(17)	
6	(18)	g
	(19)	
7	(20)	

●答えを直すときは、消しゴムできれいに消してください。
●答えは、解答用紙にはっきりと書いてください。

ここにバーコードシールを
はってください。

太わくの部分は必ず記入してください。

| ふりがな | | 受検番号 |
| 姓 | 名 | ― |

生年月日　大正　昭和　平成　西暦　　年　月　日生

性別（□をぬりつぶしてください）男□　女□　　年齢　　歳

□□□-□□□□

住所

／30

公益財団法人 日本数学検定協会

7	(21)	
	(22)	cm以上　　　　cm未満
	(23)	人
8	(24)	
		(答え)　　　　　　　%
9	(25)	：
	(26)	ページ
10	(27)	辺
	(28)	本
11	(29)	分
	(30)	

第1回

●時間のある人はアンケートにご協力ください。あてはまるものの□をぬりつぶしてください。

算数・数学は得意ですか。　はい □　いいえ □

検定時間はどうでしたか。　短い □　よい □　長い □

問題の内容はどうでしたか。　難しい □　ふつう □　易しい □

おもしろかった問題は何番ですか。 1 〜 11 までの中から2つまで選び、ぬりつぶしてください。
1 2 3 4 5 6 7 8 9 10 11 （よい例 ■ 悪い例 ✓）

監督官から「この検定問題は、本日開封されました」という宣言を聞きましたか。 （ はい □　いいえ □ ）

検定をしているとき、監督官はずっといましたか。 （ はい □　いいえ □ ）

17

························ **Memo** ························

6級 きゅう

算数検定

実用数学技能検定®

[文部科学省後援]

第2回　〔検定時間〕50分

けんていじょう
検定上の注意

1. 自分が受検する階級の問題用紙であるか確
にん
   認してください。

2. 検定開始の合図があるまで問題用紙を開か
   ないでください。

3. 解答用紙の名前・受検番号・生年月日のら
   んは，書きもれのないように書いてくださ
   い。

4. この表紙の右下のらんに，名前・受検番号
   を書いてください。

5. ものさし・分度器・コンパスを使用するこ
   ぶんどき
   とができます。電卓を使用することはでき
   でんたく
   ません。

6. 携帯電話は電源を切り，検定中に使用しな
   けいたいでんわ　でんげん
   いでください。

7. 答えはすべて解答用紙に書いてください。

8. 答えが分数になるとき，約分してもっとも
   やくぶん
   簡単な分数にしてください。
   かんたん

9. 問題用紙に印刷のはっきりしない部分があ
   いんさつ
   りましたら，検定監督官に申し出てくださ
   けんていかんとくかん
   い。

10. 検定が終わったら，この問題用紙は解答用
    紙といっしょに集めます。

下記の「個人情報の取扱い」についてご同意いただいたうえでご提出
ください。

【このフォームでお預かりするすべての個人情報の取り扱いについて】

1. 事業者の名称　　公益財団法人日本数学検定協会

2. 個人情報保護管理者の職名，所属および連絡先
   管理者の職名：個人情報管理者
   所属部署：事務局　事務局次長　　連絡先：03-5812-8340

3. 個人情報の利用目的　　受検者情報の管理，採点，本人確認の
   ため。

4. 個人情報の第三者への提供　　団体窓口経由でお申込みの場合
   は，検定結果を通知するために，申し込み情報，氏名，受検階級，
   成績を，Webでのお知らせまたはFAX，送付，電子メール添
   付などにより，お申し込みもとの団体様に提供します。

5. 個人情報取り扱いの委託　　前項利用目的の範囲に限って個人
   情報を外部に委託することがあります。

6. 個人情報の開示等の請求　　ご本人様はご自身の個人情報の開
   示等に関して，下記の当協会お問い合わせ窓口に申し出ること
   ができます。その際，当協会はご本人様を確認させていただい
   たうえで，合理的な対応を期間内にいたします。

【問い合わせ窓口】
公益財団法人日本数学検定協会　検定問い合わせ係
〒110-0005 東京都台東区上野5-1-1 文昌堂ビル6階
TEL：03-5812-8340　電話問い合わせ時間 月～金 9:30-17:00
（祝日・年末年始・当協会の休業日を除く）

7. 個人情報を提供されることの任意性について
   ご本人様が当協会に個人情報を提供されるかどうかは任意によ
   るものです。ただし正しい情報をいただけない場合，適切な対
   応ができない場合があります。

名 前	
じゅけんばんごう 受検番号	―

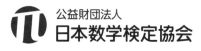

公益財団法人
日本数学検定協会

1 次の計算をしましょう。 （計算技能）

(1) 1.5×0.6

(2) $9.8 + 3.22 \div 0.28$

(3) $\dfrac{3}{5} + \dfrac{8}{35}$

(4) $1\dfrac{1}{6} - \dfrac{2}{9}$

(5) $\dfrac{4}{9} \times 12$

(6) $3\dfrac{3}{5} \div 30$

(7) $\dfrac{5}{12} \times \dfrac{9}{20}$

(8) $1\dfrac{5}{8} \div 4\dfrac{1}{3}$

2 次の問題に答えましょう。

(9) 次の(　)の中の数の最大公約数を求めましょう。
（18，45）

(10) 次の(　)の中の数の最小公倍数を求めましょう。
（4，14，21）

3 次の比をもっとも簡単な整数の比にしましょう。

(11) 24：42

(12) 0.5：4

4 次の□にあてはまる数を求めましょう。

(13) 7.86を$\frac{1}{10}$にした数は□です。

(14) $\frac{7}{5}$を小数で表すと□です。

(15) 3：2＝21：□

5 　たかひろさんは，小数の計算で，ある数に3.5をかけるところを，まちがえて3.6をかけてしまったため，計算結果が9.72になりました。このとき，次の問題に答えましょう。

(16)　ある数を求めましょう。

(17)　正しく計算したときの答えを求めましょう。

6 　Aの畑とBの畑でじゃがいもを作りました。下の表は，それぞれの畑でじゃがいもを植えた面積と，収かくしたじゃがいもの重さを表したものです。これについて，次の問題に単位をつけて答えましょう。

	面積(m²)	収かく量(kg)
Aの畑	42	105
Bの畑	56	112

(18)　Aの畑では，1m² あたりの収かく量は何 kg ですか。

(19)　Bの畑では，収かく量1kg あたりの面積は何 m² ですか。

7 右の図のような三角柱の展開図があります。これについて，次の問題に答えましょう。

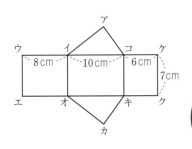

(20) 辺オカの長さは何 cm ですか。

(21) この展開図を組み立てたとき，点ウに集まる点はどれですか。全部答えましょう。

第2回

8 右の柱状グラフは，けんとさんのクラス全員の通学時間を調べてまとめたものです。たとえば，5分以上10分未満の人は3人であることがわかります。これについて，次の問題に答えましょう。

(統計技能)

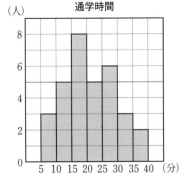

(22) 通学時間が20分以上25分未満の階級の人数は何人ですか。

(23) 通学時間が15分未満の人数は何人ですか。

(24) けんとさんは，通学時間が長いほうから数えて9番めでした。けんとさんは，どの階級に入っていますか。

9 底辺が x cm，高さが 1 2 cm の平行四辺形の面積を y cm² とします。このとき，次の問題に答えましょう。

(25) x と y の関係を式に表しましょう。 （表現技能）

(26) x の値を 4.5 としたとき，対応する y の値を求めましょう。

10 下の⑦から⑨までの図形について，次の問題に答えましょう。

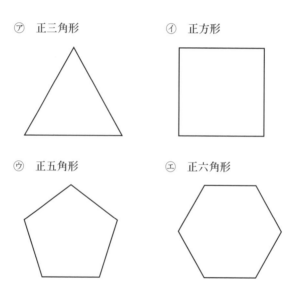

⑦ 正三角形

④ 正方形

⑦ 正五角形

⑨ 正六角形

(27) ⑨の正六角形は線対称な図形です。解答用紙の図に，ものさしを使って対称の軸を全部かきましょう。 （作図技能）

(28) 点対称な図形はどれですか。⑦から⑨までの中から全部選んで，その記号で答えましょう。

11 　図1のように，横の線で結ばれている3つの◯の中の数は，真ん中の数がその左右にある2つの数の平均になるようにします。1と7の平均は4なので，真ん中の数は4になります。図2の横の線で結ばれている3つの◯に，同じように数を1つずつ入れます。縦の線で結ばれている5つの◯の中の数は，真ん中の数がその上下にある4つの数の平均になるようにします。このとき，次の問題に答えましょう。

(整理技能)

(29)　図2のアにあてはまる数を求めましょう。

(30)　図2のイにあてはまる数を求めましょう。

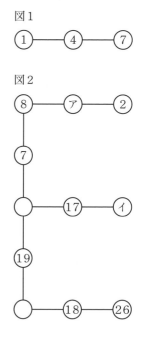

図1

図2

1	(1)	
	(2)	
	(3)	
	(4)	
	(5)	
	(6)	
	(7)	
	(8)	
2	(9)	
	(10)	

3	(11)	：
	(12)	：
4	(13)	
	(14)	
	(15)	
5	(16)	
	(17)	
6	(18)	
	(19)	
7	(20)	cm

●答えを直すときは、消しゴムできれいに消してください。
●答えは、解答用紙にはっきりと書いてください。

太わくの部分は必ず記入してください。

ここにバーコードシールを
はってください。

ふりがな		受検番号
姓	名	―

生年月日	大正 昭和 平成 西暦	年 月 日生
性別（□をぬりつぶしてください）男□ 女□		年齢 歳
住所		/30

公益財団法人 日本数学検定協会

7	(21)	点
8	(22)	人
	(23)	人
	(24)	分以上　　　　　分未満
9	(25)	
	(26)	$y =$
10	(27)	
	(28)	
11	(29)	
	(30)	

●この検定が実施された日時を書いてください。

日付 ： （ ）年（ ）月（ ）日

時間 ： （ ）時（ ）分 〜（ ）時（ ）分

第2回

●時間のある人はアンケートにご協力ください。あてはまるものの□をぬりつぶしてください。

算数・数学は得意ですか。	検定時間はどうでしたか。	問題の内容はどうでしたか。
はい □　いいえ □	短い □　よい □　長い □	難しい □　ふつう □　易しい □

おもしろかった問題は何番ですか。　1 〜 11 までの中から2つまで選び、ぬりつぶしてください。

1　2　3　4　5　6　7　8　9　10　11　（よい例 ■　悪い例 ☑ ）

監督官から「この検定問題は、本日開封されました」という宣言を聞きましたか。

（ はい □　　いいえ □ ）

検定をしているとき、監督官はずっといましたか。

（ はい □　　いいえ □ ）

27

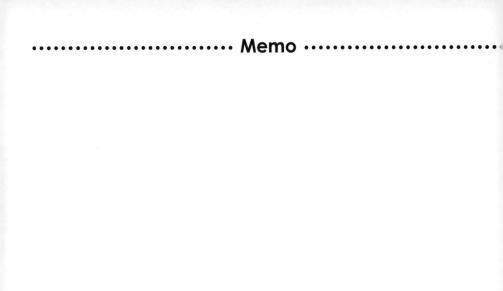

.... **Memo** ....

6級 きゅう

算数検定
実用数学技能検定®
[文部科学省後援]

────── 検定上の注意 ──────

1. 自分が受検する階級の問題用紙であるか確認してください。
2. 検定開始の合図があるまで問題用紙を開かないでください。
3. 解答用紙の名前・受検番号・生年月日のらんは，書きもれのないように書いてください。
4. この表紙の右下のらんに，名前・受検番号を書いてください。
5. ものさし・分度器・コンパスを使用することができます。電卓を使用することはできません。
6. 携帯電話は電源を切り，検定中に使用しないでください。
7. 答えはすべて解答用紙に書いてください。
8. 答えが分数になるとき，約分してもっとも簡単な分数にしてください。
9. 問題用紙に印刷のはっきりしない部分がありましたら，検定監督官に申し出てください。
10. 検定が終わったら，この問題用紙は解答用紙といっしょに集めます。

名 前	
受検番号	－

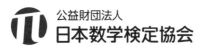

公益財団法人
日本数学検定協会

1 次の計算をしましょう。 （計算技能）

(1) $22.1 \div 3.4$

(2) $3.2 + 0.8 \times 1.5$

(3) $\dfrac{2}{5} + \dfrac{1}{3}$

(4) $1\dfrac{1}{4} - \dfrac{5}{6}$

(5) $\dfrac{4}{7} \times 2$

(6) $\dfrac{4}{9} \div 8$

(7) $\dfrac{49}{72} \times \dfrac{18}{35}$

(8) $\dfrac{26}{45} \div \dfrac{13}{25}$

2 次の問題に答えましょう。

(9) 次の（　）の中の数の最大公約数を求めましょう。

　　　（36，81）

(10) 次の（　）の中の数の最小公倍数を求めましょう。

　　　（14，21，35）

第3回

3 次の比をもっとも簡単な整数の比にしましょう。

(11) 16：28

(12) $\frac{1}{6}$：$\frac{2}{9}$

4 次の □ にあてはまる数を求めましょう。

(13) 102.45を $\frac{1}{10}$ にした数は □ です。

(14) $4\frac{4}{5}$ を小数で表すと □ です。

(15) 3：8 = □ ：40

5 　赤いテープの長さは $2\frac{3}{8}$ m，青いテープの長さは $1\frac{7}{12}$ m です。このとき，次の問題に単位をつけて答えましょう。

(16)　赤いテープと青いテープの長さは，合わせて何 m ですか。

(17)　赤いテープは，青いテープより何 m 長いですか。

6 　ゆうきさんとけんたさんは，バスケットボールクラブに入っています。下の表は，最近の5試合で2人が入れた点数をまとめたものです。これについて，次の問題に答えましょう。

	1試合め	2試合め	3試合め	4試合め	5試合め
ゆうきさん(点)	8	7	11	10	9
けんたさん(点)	6	10	6	9	7

(18)　ゆうきさんが5試合で入れた点数の平均は何点ですか。

(19)　けんたさんは，6試合の点数の平均が8点になることを目標にしています。けんたさんは，6試合めで何点入れればよいですか。

7 右の図は，三角柱の展開図です。これについて，次の問題に答えましょう。

(20) 辺ウエの長さは何 cm ですか。

(21) この展開図を組み立てたとき，点ケに集まる点はどれですか。全部答えましょう。

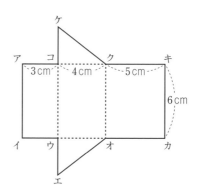

8 全部で200ページの本があります。この本を x ページ読んだときの残りのページ数を y ページとするとき，次の問題に答えましょう。

(22) x と y の関係を式に表しましょう。　　　　（表現技能）

(23) x の値が40のとき，それに対応する y の値を求めましょう。

(24) y の値が90のとき，それに対応する x の値を求めましょう。

9 右の図の旗の①，②，③の部分にそれぞれちがう色をぬります。このとき，次の問題に答えましょう。

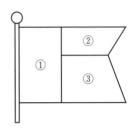

(25) 赤，青，黄の3色を使うとき，色のぬり方は全部で何通りありますか。

(26) 赤，青，黄，緑の4色から3色を選んで使うとき，色のぬり方は何通りありますか。

10 下の図形の面積は，それぞれ何 cm² ですか。円周率は3.14とします。(27)は，式と答えを書きましょう。
(測定技能)

(27) 円

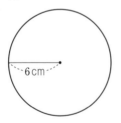

－6cm－

(28) 円を4等分した形

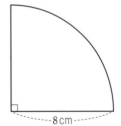

－8cm－

11 同じ大きさの正方形のタイル □ と ■ があります。このタイルを，下の図のように，あるきまりにしたがって並べます。このとき，次の問題に答えましょう。

（整理技能）

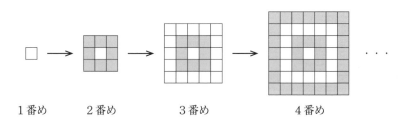

1番め　　2番め　　　3番め　　　　　4番め

(29)　6番めの形は，タイルを全部で何個使いますか。

(30)　6番めの形は，■のタイルを何個使いますか。

第3回

	(1)	
	(2)	
	(3)	
1	(4)	
	(5)	
	(6)	
	(7)	
	(8)	
2	(9)	
	(10)	

3	(11)	:
	(12)	:
4	(13)	
	(14)	
	(15)	
5	(16)	
	(17)	
6	(18)	点
	(19)	点
7	(20)	cm

●答えを直すときは、消しゴムできれいに消してください。
●答えは、解答用紙にはっきりと書いてください。

太わくの部分は必ず記入してください。

ここにバーコードシールを
はってください。

ふりがな 姓	名	受検番号 —
生年月日　大正　昭和　平成　西暦		年　月　日生
性別（□をぬりつぶしてください）男□　女□		年齢　　歳
住所　□□□-□□□□		/30

公益財団法人 **日本数学検定協会**

7	(21)	点
8	(22)	
	(23)	$y=$
	(24)	$x=$
9	(25)	通り
	(26)	通り
10	(27)	(答え) cm²
	(28)	cm²
11	(29)	個
	(30)	個

●この検定が実施された日時を書いてください。

日付 ： （ ）年（ ）月（ ）日

時間 ： （ ）時（ ）分 ～（ ）時（ ）分

第3回

●時間のある人はアンケートにご協力ください。あてはまるものの□をぬりつぶしてください。

算数・数学は得意ですか。	検定時間はどうでしたか。	問題の内容はどうでしたか。
はい □ いいえ □	短い □ よい □ 長い □	難しい □ ふつう □ 易しい □

おもしろかった問題は何番ですか。 **1** ～ **11** までの中から**2つまで**選び，ぬりつぶしてください。

1 **2** **3** **4** **5** **6** **7** **8** **9** **10** **11** （よい例 **1** 悪い例 ☑ ）

監督官から「この検定問題は，本日開封されました」という宣言を聞きましたか。

（ はい □ いいえ □ ）

検定をしているとき，監督官はずっといましたか。 （ はい □ いいえ □ ）

6級

きゅう

算数検定

実用数学技能検定®

[文部科学省後援]

第4回

── 検定上の注意 ──
けんていじょう

1. 自分が受検する階級の問題用紙であるか確認してください。

2. 検定開始の合図があるまで問題用紙を開かないでください。

3. 解答用紙の名前・受検番号・生年月日のらんは，書きもれのないように書いてください。

4. この表紙の右下のらんに，名前・受検番号を書いてください。

5. ものさし・分度器・コンパスを使用することができます。電卓を使用することはできません。

6. 携帯電話は電源を切り，検定中に使用しないでください。

7. 答えはすべて解答用紙に書いてください。

8. 答えが分数になるとき，約分してもっとも簡単な分数にしてください。

9. 問題用紙に印刷のはっきりしない部分がありましたら，検定監督官に申し出てください。

10. 検定が終わったら，この問題用紙は解答用紙といっしょに集めます。

名 前	
受検番号	－

公益財団法人
日本数学検定協会

1 次の計算をしましょう。　　　　　　　　　　　　（計算技能）

（1）　7.46×4.8

（2）　$49.5 - 31.5 \div 7.5$

（3）　$\dfrac{7}{10} + \dfrac{5}{6}$

（4）　$2\dfrac{7}{40} - 1\dfrac{4}{5}$

（5）　$\dfrac{11}{30} \times 6$

（6）　$\dfrac{4}{15} \div 10$

（7）　$\dfrac{7}{24} \times \dfrac{8}{15}$

（8）　$4\dfrac{1}{5} \div 1\dfrac{3}{25}$

2 次の問題に答えましょう。

(9) 次の（　）の中の数の最大公約数を求めましょう。

(18，24)

(10) 次の（　）の中の数の最小公倍数を求めましょう。

(10，15，25)

3 次の比をもっとも簡単な整数の比にしましょう。

(11) 56：63

(12) $\frac{2}{3}$：5

第4回

4 次の □ にあてはまる数を求めましょう。

(13) 123.4 を $\frac{1}{100}$ にした数は □ です。

(14) $\frac{2}{5}$ を小数で表すと □ です。

(15) 14：5 ＝ □ ：30

5 縦8.5m，横3.4mの長方形の花だんがあります。このとき，次の問題に答えましょう。

(16) 縦の長さは，横の長さの何倍ですか。

(17) 面積は何 m² ですか。

6 A，B，Cの３つの店では，それぞれが下のような値段でドーナツを売っています。できるだけ安く買うとき，次の問題に答えましょう。消費税は値段にふくまれているので，考える必要はありません。

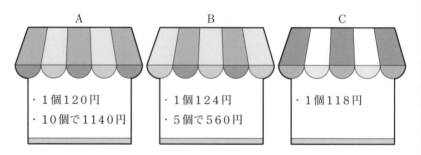

A
・1個120円
・10個で1140円

B
・1個124円
・5個で560円

C
・1個118円

(18) Aの店でドーナツを12個買うとき，1個あたりの値段は何円ですか。

(19) ドーナツを12個買うとき，1個あたりの値段がいちばん安いのは，A，B，Cの店のうち，どの店ですか。

7 下の図形の色をぬった部分の面積は、それぞれ何 cm² ですか。単位をつけて答えましょう。
(測定技能)

(20) 平行四辺形

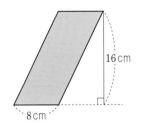

(21)

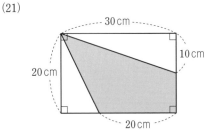

8 わかなさんの学校の5年生の人数は、男子が60人、女子が65人です。6年生の人数は、全部で120人で、男子と女子の人数の比が8：7です。このとき、次の問題に答えましょう。

(22) 5年生の男子と女子の人数の比を、もっとも簡単な整数の比で表しましょう。

(23) 6年生の男子の人数は何人ですか。この問題は、式と答えを書きましょう。

9 　右の表は，まさきさんの学校の6年生の男子30人の走りはばとびの記録をまとめたものです。これについて，次の問題に答えましょう。　　　　　（統計技能）

走りはばとびの記録

きょり(cm)	人数(人)
240以上～260未満	3
260　～280	3
280　～300	7
300　～320	8
320　～340	5
340　～360	4
合計	30

(24)　記録が300cmの人は，どの階級に入っていますか。

(25)　記録が大きいほうから数えて5番めの人は，どの階級に入っていますか。

(26)　記録が320cm以上の人は，6年生の男子全体の何％ですか。

10 　下の⑦から㋙までの図形は，同じ棒を何本か並べてつくったものです。これについて，次の問題に答えましょう。棒は，90°か180°のどちらかでつながっています。

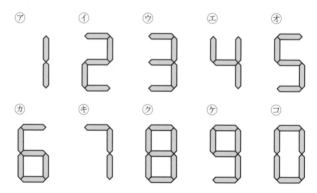

(27)　線対称な図形はどれですか。⑦から㋙までの中から全部選んで，その記号で答えましょう。

(28)　点対称であるが線対称でない図形はどれですか。⑦から㋙までの中から全部選んで，その記号で答えましょう。

11　ありささん，かえでさん，ゆりなさんの3人は，水泳大会に出場します。そこで，6月1日から7月31日まで，次のようなルールをくり返して練習することにしました。

・ありささんは，3日練習して1日休む。
・かえでさんは，2日練習して1日休む。
・ゆりなさんは，1日練習して1日休む。

このとき，次の問題に答えましょう。6月は30日まであります。　（整理技能）

(29)　ありささんが練習する日数は，何日ですか。

(30)　3人全員が練習する日数は，何日ですか。

第4回

算数検定 解答用紙 第 4 回 6級

1	(1)	
	(2)	
	(3)	
	(4)	
	(5)	
	(6)	
	(7)	
	(8)	
2	(9)	
	(10)	

3	(11)	：
	(12)	：
4	(13)	
	(14)	
	(15)	
5	(16)	倍
	(17)	m²
6	(18)	円
	(19)	の店
7	(20)	

●答えを直すときは、消しゴムできれいに消してください。
●答えは、解答用紙にはっきりと書いてください。

7	(21)	
	(22)	：
8	(23)	（答え）　　　　　　　　　　　人
9	(24)	cm以上　　　　　　cm未満
	(25)	cm以上　　　　　　cm未満
	(26)	％
10	(27)	
	(28)	
11	(29)	日
	(30)	日

●この検定が実施された日時を書いてください。

日付　：　（　　）年（　　）月（　　）日

時間　：　（　　）時（　　）分　～　（　　）時（　　）分

第4回

●時間のある人はアンケートにご協力ください。あてはまるものの□をぬりつぶしてください。

算数・数学は得意ですか。
はい　□　　いいえ　□

検定時間はどうでしたか。
短い　□　　よい　□　　長い　□

問題の内容はどうでしたか。
難しい　□　　ふつう　□　　易しい　□

おもしろかった問題は何番ですか。　1 〜 11 までの中から2つまで選び，ぬりつぶしてください。

1　2　3　4　5　6　7　8　9　10　11　（よい例 1　悪い例 ☑ ）

監督官から「この検定問題は，本日開封されました」という宣言を聞きましたか。
（　はい　□　　いいえ　□　）

検定をしているとき，監督官はずっといましたか。
（　はい　□　　いいえ　□　）

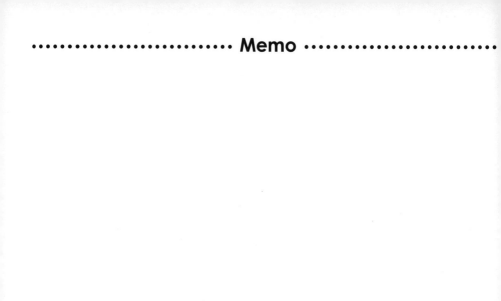

6級 きゅう

算数検定
実用数学技能検定®
[文部科学省後援]

──── 検定上の注意 ────

1. 自分が受検する階級の問題用紙であるか確認してください。
2. 検定開始の合図があるまで問題用紙を開かないでください。
3. 解答用紙の名前・受検番号・生年月日のらんは，書きもれのないように書いてください。
4. この表紙の右下のらんに，名前・受検番号を書いてください。
5. ものさし・分度器・コンパスを使用することができます。電卓を使用することはできません。
6. 携帯電話は電源を切り，検定中に使用しないでください。
7. 答えはすべて解答用紙に書いてください。
8. 答えが分数になるとき，約分してもっとも簡単な分数にしてください。
9. 問題用紙に印刷のはっきりしない部分がありましたら，検定監督官に申し出てください。
10. 検定が終わったら，この問題用紙は解答用紙といっしょに集めます。

下記の「個人情報の取扱い」についてご同意いただいたうえでご提出ください。

【このフォームでお預かりするすべての個人情報の取り扱いについて】

1. 事業者の名称　　公益財団法人日本数学検定協会
2. 個人情報保護管理者の職名，所属および連絡先
   管理者職名：個人情報保護管理者
   所属部署：事務局　事務局次長　　連絡先：03-5812-8340
3. 個人情報の利用目的　　受検者情報の管理，採点，本人確認のため。
4. 個人情報の第三者への提供　　団体窓口経由でお申込みの場合は，検定結果を通知するために，申し込み情報，氏名，受検階級，成績を，Webでのお知らせまたはFAX，送付，電子メール添付などにより，お申し込みもとの団体様に提供します。
5. 個人情報取り扱いの委託　　前項利用目的の範囲に限って個人情報を外部に委託することがあります。
6. 個人情報の開示等の請求　　ご本人様はご自身の個人情報の開示等に関して，下記の当協会お問い合わせ窓口に申し出ることができます。その際，当協会はご本人様を確認させていただいたうえで，合理的な対応を期間内にいたします。
   【問い合わせ窓口】
   公益財団法人日本数学検定協会　検定問い合わせ係
   〒110-0005 東京都台東区上野5-1-1 文昌堂ビル6階
   TEL：03-5812-8340　電話問い合わせ時間 月～金 9:30-17:00
   （祝日・年末年始・当協会の休業日を除く）
7. 個人情報を提供されることの任意性について
   ご本人様が当協会に個人情報を提供されるかどうかは任意によるものです。ただし正しい情報をいただけない場合，適切な対応ができない場合があります。

名　前	
受検番号 じゅけんばんごう	―

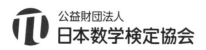

公益財団法人
日本数学検定協会

1 次の計算をしましょう。

(1) 8.75×9.6

(2) $75.6 - 50.4 \div 8.4$

(3) $\dfrac{11}{20} + \dfrac{3}{4}$

(4) $2\dfrac{3}{10} - 1\dfrac{5}{6}$

(5) $\dfrac{5}{24} \times 8$

(6) $\dfrac{10}{21} \div 15$

(7) $\dfrac{25}{42} \times \dfrac{7}{15}$

(8) $5\dfrac{2}{5} \div 1\dfrac{2}{7}$

2 次の問題に答えましょう。

(9) 次の( )の中の数の最大公約数を求めましょう。

(56，72)

(10) 次の( )の中の数の最小公倍数を求めましょう。

(6，15，16)

3 次の比をもっとも簡単な整数の比にしましょう。

(11) 18：24

(12) $\dfrac{3}{4} : \dfrac{5}{12}$

第5回

4 次の □ にあてはまる数を求めましょう。

(13) 43.6を $\dfrac{1}{10}$ にした数は □ です。

(14) $\dfrac{12}{5}$ を小数で表すと □ です。

(15) 7：15 ＝ □ ：60

5 縦6cm，横8cmの長方形の紙がたくさんあります。この紙を同じ向きにすき間なく並べて，できるだけ小さい正方形をつくります。このとき，次の問題に答えましょう。

(16) 正方形の1辺の長さは何cmになりますか。

(17) 正方形をつくるのに，紙は全部で何枚必要ですか。

6 かずまさんが30歩歩いて，進んだ道のりを測ったところ，19.2mでした。このとき，次の問題に答えましょう。

(18) かずまさんの歩はばの平均は何mですか。

(19) かずまさんが家から駅まで歩いたところ，825歩ありました。かずまさんの歩はばを(18)で求めた平均の長さとすると，家から駅までの道のりは何mですか。

7 右の図のように，半径6cmの円の中心の
まわりを6等分して正六角形をかきました。
これについて，次の問題に単位をつけて答え
ましょう。円周率は3.14とします。

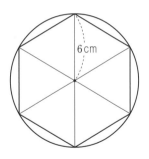

6cm

(20) 円周の長さは何cmですか。　（測定技能）

(21) 正六角形のまわりの長さは何cmですか。

8 れいさんは，昨日から324ページある本を読んでいます。昨日は，全体の $\frac{2}{9}$
を読みました。このとき，次の問題に答えましょう。

(22) 昨日読んだのは，何ページですか。この問題は，式と答えを書きましょう。

(23) れいさんは今日，残ったページの $\frac{5}{12}$ を読みました。今日読んだのは，何ページ
ですか。

第5回

9 赤, 青, 黄, 緑の4枚の色紙があります。このとき, 次の問題に答えましょう。

(24) 4枚の中から2枚を選ぶとき, 選び方は何通りありますか。

(25) 4枚の中から3枚を選ぶとき, 選び方は何通りありますか。

(26) あいこさん, さきさん, まさみさん, りえさんの4人に, 1人1枚ずつ配ります。配り方は, 全部で何通りありますか。

10 右の図の三角形DECは, 三角形ABCの拡大図です。これについて, 次の問題に答えましょう。

(27) 三角形DECは, 三角形ABCの何倍の拡大図ですか。

(28) 辺ECの長さは何 cm ですか。

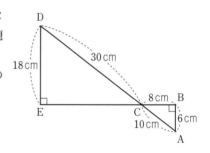

11 　図1のような1辺の長さが4cmの正三角形の
タイルと，1辺の長さが4cmの正六角形のタイ
ルがたくさんあります。これらのタイルを図2
のように，1辺の長さが60cmの正三角形のわ
くの中にすき間なく並べます。これについて，
次の問題に答えましょう。　　　　（整理技能）

図1

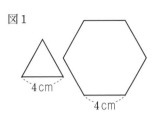

(29)　正六角形のタイルは何枚使いますか。

図2

(30)　正三角形のタイルは何枚使いますか。

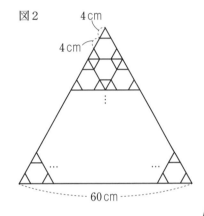

1	（1）		**3**	（11）	：	
	（2）			（12）	：	
	（3）		**4**	（13）		
	（4）			（14）		
	（5）			（15）		
	（6）		**5**	（16）	cm	
	（7）			（17）	枚	
	（8）		**6**	（18）	m	
2	（9）			（19）	m	
	（10）		**7**	（20）		

●答えを直すときは、消しゴムできれいに消してください。
●答えは、解答用紙にはっきりと書いてください。

太わくの部分は必ず記入してください。

ここにバーコードシールを
はってください。

ふりがな		受検番号
姓	名	－

生年月日 大正 昭和 平成 西暦	年 月 日生
性別（□をぬりつぶしてください）男□ 女□	年齢 歳
住所 □□□-□□□□	／30

公益財団法人 **日本数学検定協会**

7	(21)	
8	(22)	
		(答え) ページ
	(23)	ページ
9	(24)	通り
	(25)	通り
	(26)	通り
10	(27)	倍
	(28)	cm
11	(29)	枚
	(30)	枚

●この検定が実施された日時を書いてください。

日付　：　（　）年（　）月（　）日
時間　：　（　）時（　）分　～　（　）時（　）分

第5回

●時間のある人はアンケートにご協力ください。あてはまるものの□をぬりつぶしてください。

算数・数学は得意ですか。	検定時間はどうでしたか。	問題の内容はどうでしたか。
はい □　いいえ □	短い □　よい □　長い □	難しい □　ふつう □　易しい □

おもしろかった問題は何番ですか。　1 ～ 11 までの中から2つまで選び，ぬりつぶしてください。

1　2　3　4　5　6　7　8　9　10　11　（よい例 ■　悪い例 ☑ ）

監督官から「この検定問題は，本日開封されました」という宣言を聞きましたか。

（　はい □　いいえ □　）

検定をしているとき，監督官はずっといましたか。　　　　（　はい □　いいえ □　）

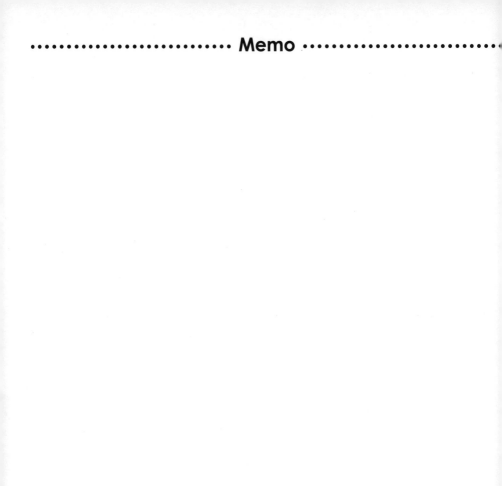

Memo

6級 きゅう

算数検定
実用数学技能検定®
[文部科学省後援]

第6回 〔検定時間〕50分

名 前	
受検番号 じゅけんばんごう	―

第6回

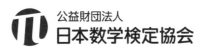

公益財団法人
日本数学検定協会

数検 6級

59

1 次の計算をしましょう。 （計算技能）

(1) 4.95×7.8

(2) $99.2 - 74.4 \div 6.2$

(3) $\dfrac{4}{5} + \dfrac{6}{7}$

(4) $2\dfrac{5}{12} - 1\dfrac{2}{3}$

(5) $\dfrac{8}{15} \times 10$

(6) $\dfrac{16}{25} \div 4$

(7) $\dfrac{7}{10} \times \dfrac{8}{15}$

(8) $2\dfrac{7}{10} \div 6\dfrac{3}{5}$

2 次の問題に答えましょう。

(9) 次の（　）の中の数の最大公約数を求めましょう。

(48, 56)

(10) 次の（　）の中の数の最小公倍数を求めましょう。

(10, 14, 35)

3 次の比をもっとも簡単な整数の比にしましょう。

(11) 25 : 45

(12) $\dfrac{1}{5}$: $\dfrac{2}{15}$

4 次の □ にあてはまる数を求めましょう。

(13) 5.94を1000倍した数は □ です。

(14) $\dfrac{5}{8}$ を小数で表すと □ です。

(15) 12 : 7 = □ : 28

第6回

5 赤, 青, 緑の3色のペンキがあります。赤のペンキの量は4.2Lです。このとき, 次の問題に答えましょう。

(16) 青のペンキの量は, 赤のペンキの量の0.85倍です。青のペンキの量は何Lですか。

(17) 緑のペンキの量は3.5Lです。赤のペンキの量は, 緑のペンキの量の何倍ですか。

6 ある店に, 値段が850円の皿があります。この店で買い物をするときは, 商品の値段に, 値段の10％の消費税を加えて代金をはらいます。このとき, 次の問題に答えましょう。

(18) この皿を買うとき, 消費税を加えた代金は何円ですか。

(19) 消費税は現在10％ですが, 以前は8％でした。この皿を消費税が8％のときに買ったとすると, 10％のときの代金より何円安いですか。

7 　右の図のように，正三角形の紙を折りました。
　このとき，次の問題に答えましょう。(測定技能)

(20)　㋐の角の大きさは何度ですか。

(21)　㋑の角の大きさは何度ですか。

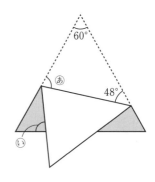

8 　縦の長さが $\frac{5}{8}$ m，面積が $1\frac{3}{7}$ m² の長方形の形をした花だんがあります。この
　とき，次の問題に答えましょう。

(22)　この花だんの横の長さは何mですか。この問題は，式と答えを書きましょう。

(23)　この花だんの縦の長さの4倍の長さを1辺とする正方形の形をした畑があります。畑の面積は何m²ですか。

第6回

9 みなこさんたちは，職業体験をすることになりました。A，B，Cの3つのプログラムから職業を1つずつ選んで，全部で3つの職業を体験します。下の表のように，プログラムAは4種類，Bは5種類，Cは3種類の職業があります。このとき，次の問題に答えましょう。

プログラムA	プログラムB	プログラムC
消防士	銀行員	パン職人
アナウンサー	美容師	シェフ
電車運転士	新聞記者	パティシエ
保育士	裁判官	
	看護師	

(24) プログラムAから「アナウンサー」を選ぶとき，プログラムBとCの職業の選び方は何通りありますか。

(25) 3つの職業の選び方は，全部で何通りありますか。

(26) みなこさんは，プログラムAから「消防士」か「保育士」のどちらかを選び，プログラムBから「銀行員」を選ぶことに決めました。みなこさんの3つの職業の選び方は何通りありますか。

10 下の立体の体積は，それぞれ何 cm³ ですか。単位をつけて答えましょう。円周率は3.14とします。 (測定技能)

(27) 三角柱(底面積は50cm²)

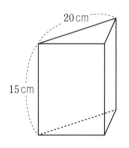

(28) 円柱を半分に切った形

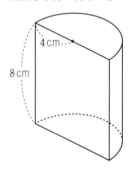

64

11　　出席番号が①から⑤までの5人は，係の当番の順番を決めるのに，あみだくじを使うことにしました。あみだくじでは，上から下に進み，横の線があるときは，そこで必ず曲がるものとします。たとえば，図1のあみだくじでは，出席番号①の人は太線 ━ のように進みます。このとき，次の問題に答えましょう。（整理技能）

図1

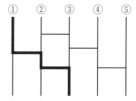

1番め 2番め 3番め 4番め 5番め

(29)　5人は，図1のあみだくじを図2のように縦に2個つないだあみだくじをつくりました。このとき，出席番号③の人の順番は何番めになりますか。

図2

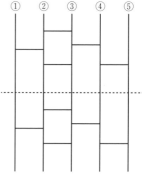

1番め 2番め 3番め 4番め 5番め

(30)　図1のあみだくじを縦に何個かつなぎます。あみだくじのいちばん下の順番を，図1と同じように左から1番め，2番め，3番め，4番め，5番めとするとき，出席番号①の人の順番が1番め，出席番号②の人の順番が2番め，…のように，順番が出席番号と同じ数になるのは，あみだくじを全部で何個つないだときですか。もっとも少ない個数を答えましょう。

第6回

1	(1)	
	(2)	
	(3)	
	(4)	
	(5)	
	(6)	
	(7)	
	(8)	
2	(9)	
	(10)	

3	(11)	：
	(12)	：
4	(13)	
	(14)	
	(15)	
5	(16)	L
	(17)	倍
6	(18)	円
	(19)	円
7	(20)	度

●答えを直すときは、消しゴムできれいに消してください。
●答えは、解答用紙にはっきりと書いてください。

ここにバーコードシールを
はってください。

太わくの部分は必ず記入してください。

| ふりがな | | 受検番号 |
| 姓 | 名 | ― |

生年月日	大正 昭和 平成 西暦	年 月 日 生
性別（□をぬりつぶしてください）男□ 女□		年齢 歳
住所	□□□-□□□□	/30

公益財団法人 日本数学検定協会

7	(21)	度
8	(22)	
		(答え) m
	(23)	m²
9	(24)	通り
	(25)	通り
	(26)	通り
10	(27)	
	(28)	
11	(29)	番め
	(30)	個

● この検定が実施された日時を書いてください。

日付 ：：（ ）年（ ）月（ ）日
時間 ：：（ ）時（ ）分 ～（ ）時（ ）分

第6回

● 時間のある人はアンケートにご協力ください。あてはまるものの□をぬりつぶしてください。

算数・数学は得意ですか。 はい □ いいえ □

検定時間はどうでしたか。 短い □ よい □ 長い □

問題の内容はどうでしたか。 難しい □ ふつう □ 易しい □

おもしろかった問題は何番ですか。 1 ～ 11 までの中から2つまで選び，ぬりつぶしてください。

1 2 3 4 5 6 7 8 9 10 11 （よい例 1 悪い例 ✓ ）

監督官から「この検定問題は，本日開封されました」という宣言を聞きましたか。 （ はい □ いいえ □ ）

検定をしているとき，監督官はずっといましたか。 （ はい □ いいえ □ ）

67

◉執筆協力：株式会社 シナップス
◉DTP：株式会社 千里
◉装丁デザイン：星 光信（Xing Design）
◉装丁イラスト：たじま なおと

◉編集担当：黒田 裕美・阿部 加奈子

実用数学技能検定　過去問題集　算数検定６級

2021年４月30日　初　版発行
2024年２月13日　第４刷発行

編　者	公益財団法人 日本数学検定協会
発行者	髙田 忍
発行所	公益財団法人 日本数学検定協会
	〒110-0005 東京都台東区上野五丁目1番1号
	FAX 03-5812-8346
	https://www.su-gaku.net/
発売所	丸善出版株式会社
	〒101-0051 東京都千代田区神田神保町二丁目17番
	TEL 03-3512-3256　FAX 03-3512-3270
	https://www.maruzen-publishing.co.jp/
印刷・製本	倉敷印刷株式会社

ISBN978-4-901647-93-9　C0041

実用数学技能検定® 数検

過去問題集 6級

〈別冊〉

解答と解説

※本体からとりはずすこともできます。

6

公益財団法人 日本数学検定協会

1

解答

(1) 18　　　　　(2) 8.55

(3) $1\frac{11}{12}\left(\frac{23}{12}\right)$　　(4) $\frac{17}{30}$

(5) $6\frac{2}{3}\left(\frac{20}{3}\right)$　　(6) $\frac{2}{27}$

(7) $3\frac{5}{9}\left(\frac{32}{9}\right)$　　(8) $3\frac{1}{2}\left(\frac{7}{2}\right)$

解説

(1) 筆算で計算します。

```
    3. ⑦ ⑤  ←小数点より下の
               けた数 2
  ×    4. ⑧  ←小数点より下の
               けた数 1
  3 0 0 0
1 5 0 0
1 8. ⓪ ⓪ ⓪  ←小数点より下の
               けた数の和
               2＋1＝3
```

> 小数のかけ算の筆算は，右側に
> そろえて書き，整数のかけ算と
> 同じように計算します。
> 積の小数点は，小数点より下の
> けた数が，かけられる数とかけ
> る数の小数点より下のけた数の
> 和と同じになるようにうちます。

(2) わり算は，ひき算より先に計算
します。

$$9.45 - 5.67 \div 6.3$$

わり算は筆算で計算します。

$$5.67 \div 6.3 = 0.9$$

```
           0. 9
  6 3 ) 5 6. 7
         5 6 7
             0
```
10倍　　10倍

小数点の位置を
右に1つずらす

$56.7 \div 63$
の計算をする

$$9.45 - 5.67 \div 6.3 = 9.45 - 0.9$$
$$= 8.55$$

> 小数のわり算は，わる数とわら
> れる数の小数点を同じ数だけ右
> に移し，わる数を整数になおし
> て計算します。
> 商の小数点は，わられる数の移
> した小数点にそろえてうちます。

(3) $1\dfrac{7}{24}+\dfrac{5}{8}$

$=1\dfrac{7}{24}+\dfrac{5\times3}{8\times3}$ ← 分母を24と8の最小公倍数の24にする

$=1\dfrac{7}{24}+\dfrac{15}{24}$

$=1\dfrac{22}{24}$

$=1\dfrac{11}{12}$ ← 約分する

> 分母のちがう分数のたし算・ひき算は，通分して(分母が同じ分数になおして)計算します。

(4) $2\dfrac{1}{6}-1\dfrac{3}{5}$

$=\dfrac{13}{6}-\dfrac{8}{5}$ ← 帯分数を仮分数になおす

$=\dfrac{13\times5}{6\times5}-\dfrac{8\times6}{5\times6}$ ← 分母を6と5の最小公倍数の30にする

$=\dfrac{65}{30}-\dfrac{48}{30}$

$=\dfrac{17}{30}$

(5) $\dfrac{10}{21}\times14$

$=\dfrac{10\times\overset{2}{14}}{\underset{3}{21}}$ ← かける数を分子にかける　とちゅうで約分する

$=\dfrac{20}{3}$

$=6\dfrac{2}{3}$

> 分数×整数は，分母はそのままにして，分子に整数をかけます。
>
> $\dfrac{\triangle}{\square}\times\bigcirc=\dfrac{\triangle\times\bigcirc}{\square}$

(6) $\dfrac{8}{9}\div12$

$=\dfrac{\overset{2}{8}}{9\times\underset{3}{12}}$ ← わる数を分母にかける　とちゅうで約分する

$=\dfrac{2}{27}$

> 分数÷整数は，分子はそのままにして，分母に整数をかけます。
>
> $\dfrac{\triangle}{\square}\div\bigcirc=\dfrac{\triangle}{\square\times\bigcirc}$

(7) $2\dfrac{2}{9} \times 1\dfrac{3}{5}$

$\qquad$ 帯分数を仮分数に なおす

$= \dfrac{20}{9} \times \dfrac{8}{5}$

$= \dfrac{\overset{4}{\cancel{20}} \times 8}{9 \times \cancel{5}_{1}}$ ← とちゅうで約分する

$= \dfrac{32}{9}$

$= 3\dfrac{5}{9}$

分数×分数は，分母どうし，
分子どうしをかけます。

$\dfrac{\triangle}{\square} \times \dfrac{\bigcirc\hspace{-0.5em}\bigcirc}{\bigcirc} = \dfrac{\triangle \times \bigcirc\hspace{-0.5em}\bigcirc}{\square \times \bigcirc}$

---

(8) $3\dfrac{3}{4} \div 1\dfrac{1}{14}$

$\qquad$ 帯分数を仮分数に なおす

$= \dfrac{15}{4} \div \dfrac{15}{14}$

$\qquad$ わる数の逆数を かける

$= \dfrac{15}{4} \times \dfrac{14}{15}$

$= \dfrac{\overset{1}{\cancel{15}} \times \overset{7}{\cancel{14}}}{\underset{2}{\cancel{4}} \times \underset{1}{\cancel{15}}}$ ← とちゅうで約分する

$= \dfrac{7}{2}$

$= 3\dfrac{1}{2}$

分数÷分数は，わる数の逆数(分
母と分子を入れかえたもの)を
かけます。

$\dfrac{\triangle}{\square} \div \dfrac{\bigcirc\hspace{-0.5em}\bigcirc}{\bigcirc} = \dfrac{\triangle}{\square} \times \boxed{\dfrac{\bigcirc}{\bigcirc\hspace{-0.5em}\bigcirc}} = \dfrac{\triangle \times \bigcirc}{\square \times \bigcirc\hspace{-0.5em}\bigcirc}$

逆数

2

解答

(9)　8　　(10)　120

解説

(9)　それぞれの数の約数を求めます。

24の約数

　①，②，3，④，6，⑧，12，
24

32の約数

　①，②，④，⑧，16，32

公約数は，

　1，2，4，8

　このうち，いちばん大きい数8
が24と32の最大公約数です。

別の解き方1

　2つの数のうち，小さいほうの
24の約数を求めます。

　1，2，3，4，6，8，12，24

　32を24の約数のうちの大きい数
から順にわっていきます。

　32÷24＝1あまり8

　32÷12＝2あまり8

　32÷8＝4

　32をわり切ることができるいち
ばん大きい数8が24と32の最大公
約数です。

別の解き方2

2つの数を，共通の約数でわれるだけわっていきます。

```
2 ) 24  32
2 ) 12  16  ← 24と32を2でわった商
2 )  6   8  ← 12と16を2でわった商
     3   4  ← 6と8を2でわった商
2×2×2=8 ← 最大公約数は8
```

この方法をすだれ算といいます。

(10) それぞれの数の倍数を求めます。

12の倍数

12, 24, 36, 48, 60, 72, 84, 96, 108, ⑫⑳, 132, …

15の倍数

15, 30, 45, 60, 75, 90, 105, ⑫⑳, 135, …

40の倍数

40, 80, ⑫⑳, 160, …

公倍数のうち，いちばん小さい数120が12と15と40の最小公倍数です。

3

【解答】

(11) 3 : 5　　(12) 15 : 1

【解説】

(11) 27と45の最大公約数9でわります。

$$27 : 45 = 3 : 5$$

別の解き方

最大公約数が見つけにくい場合は，公約数でわっていきます。

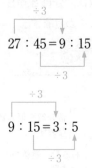

$$27 : 45 = 9 : 15$$

$$9 : 15 = 3 : 5$$

(12) 分母の6と18の最小公倍数18をかけて，分数の比を整数の比になおします。

$$\frac{5}{6} : \frac{1}{18} = 15 : 1$$
（×18）

> $a : b$の両方の数に同じ数をかけてできる比も，同じ数でわってできる比も，$a : b$と等しくなります。

4

解答

(13) 91.2　　(14) 0.125

(15) 42

解説

(13) 100倍すると，小数点が右に2
けた移ります。

$$0\,_、9\;1\,.\,2$$

> 小数を10倍，100倍，1000倍す
> ると，小数点は，それぞれ右に
> 1けた，2けた，3けた移ります。

(14) $\dfrac{1}{8} = 1 \div 8 = 0.125$

> 分数を小数で表すには，分子を
> 分母でわります。
>
> $\dfrac{\triangle}{\square} = \triangle \div \square$

(15) 4が6倍されているので，7も
6倍します。

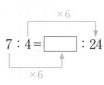

$$7 \times 6 = 42$$

（たしかめ方）

比の値を比べます。

7：4の比の値は，

$$7 \div 4 = \dfrac{7}{4} = 1\dfrac{3}{4}$$

42：24の比の値は，

$$42 \div 24 = \dfrac{42}{24} = \dfrac{7}{4} = 1\dfrac{3}{4}$$

比の値が等しいので，2つの比
は等しいといえます。

> $a：b=c：d$ のとき $\dfrac{a}{b}=\dfrac{c}{d}$

5

解答

(16) 13個　　(17) 23

解説

(16) 1から25までの整数のうち，
奇数（2でわり切れない整数）は

1, 3, 5, 7, 9, 11, 13,

15, 17, 19, 21, 23, 25

の13個です。

⒄　1から25までの整数のうち,
　偶数(2でわり切れる整数)は
　　2, 4, 6, 8, 10, 12, 14,
　　16, 18, 20, 22, 24
　いちばん大きい偶数は24, いち
　ばん小さい奇数は1だから,
　　24−1＝23

6
⒅　320g　　⒆　260

解説
⒅　3個の重さの合計を個数でわり
　ます。
　　(313＋329＋318)÷3
　　＝960÷3
　　＝320(g)

> 平均＝合計÷個数

⒆　Sサイズのりんごの重さの平均
　が270gのとき, りんご5個の重さ
　の合計は,
　　270×5＝1350(g)
　表より, Sサイズのりんご4個
　の重さの合計は,
　　278＋285＋266＋261
　　＝1090(g)
　だから, 表のアにあてはまるりん
　ごの重さは,
　　1350−1090＝260(g)

> 合計＝平均×個数

7
⒇　12cm^2　　㉑　80cm^2

解説
⒇　底辺が6cm, 高さが4cmの三
　角形だから, 面積は,
　　6×4÷2＝12(cm^2)

> 三角形の面積＝底辺×高さ÷2

(21) 上底が 8 cm，下底が12cm，高
さが 8 cmの台形だから，面積は，
$$(8＋12)×8÷2＝80(cm^2)$$

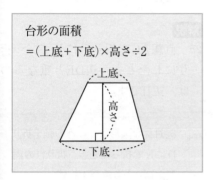

台形の面積
＝(上底＋下底)×高さ÷2

8
解答

(22) 145cm以上150cm未満

(23) 9 人

(24) 身長が155cm以上160cm未満の
階級の人数は 3 人だから，
$$3÷30×100＝10$$
（答え） 10%

解説

(22) 148cmは，145cmと150cmの間
だから，148cmのなつみさんは，
145cm以上150cm未満の階級に入
っています。

(23)

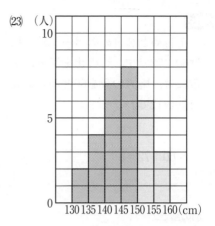

150cm以上155cm未満の階級の
人数は 6 人，155cm以上160cm
未満の階級の人数は 3 人だから，
150cm以上の人数は全部で，
$$6＋3＝9(人)$$

(24) もとにする量
…クラス全体の人数(30人)
比べる量
…155cm以上160cm未満の階級
の人数(3 人)
割合を百分率(%)で表すから，
$$3÷30×100＝10(%)$$

9
解答

(25) 5：6 (26) 36ページ

㉕　1日めと2日めのページ数の比は60：72です。この比を簡単にするには，両方の数を60と72の最大公約数12でわります。

$$60 : 72 = 5 : 6$$

別の解き方

　最大公約数が見つけにくい場合は，公約数でわっていきます。

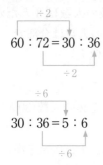

$$60 : 72 = 30 : 36$$

$$30 : 36 = 5 : 6$$

㉖　3日めに読んだページ数を□ページとすると，

　　$5 : 3 = 60 : □$

　5が12倍されているので，3も12倍します。

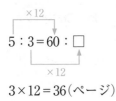

$$5 : 3 = 60 : □$$

$3 × 12 = 36（ページ）$

10

㉗　辺JI　　㉘　6本

㉗　直線AGを折り目にして二つ折りにしたとき，辺DEと重なるのは，辺JIです。

> 線対称な図形は，対称の軸を折り目にして折ったとき，折り目の両側がぴったり重なります。

㉘　次の図のように，対称の軸は6本あります。

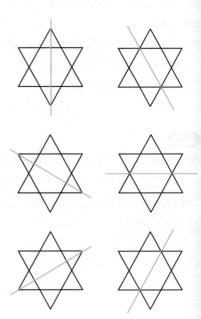

11

解答

⑵⑼ 9.5分　　⑶⓪ 4

解説

⑵⑼ 表の中町1丁目の行と北町2丁目の列をみたとき，重なるところがかかる時間だから，9.5(分)

（分）

駅前	1.5	4.5	7	11
	中町 1丁目	3	5.5	9.5
		中町 2丁目	2.5	6.5
			北町 1丁目	ア
				北町 2丁目

⑶⓪ 表より，アは北町1丁目から北町2丁目まで行くのにかかる時間です。

（分）

駅前	1.5	4.5	7	11
	中町 1丁目	3	5.5	9.5
		中町 2丁目	2.5	6.5
			北町 1丁目	ア
				北町 2丁目

中町2丁目から北町2丁目まで行くのにかかる時間から，中町2丁目から北町1丁目まで行くのにかかる時間をひけばよいので，

（分）

駅前	1.5	4.5	7	11
	中町 1丁目	3	5.5	9.5
		中町 2丁目	2.5	6.5
			北町 1丁目	ア
				北町 2丁目

（分）

駅前	1.5	4.5	7	11
	中町 1丁目	3	5.5	9.5
		中町 2丁目	2.5	6.5
			北町 1丁目	ア
				北町 2丁目

6.5 − 2.5 ＝ 4(分)

1

解答

(1) 0.9　　　　(2) 21.3

(3) $\dfrac{29}{35}$　　　(4) $\dfrac{17}{18}$

(5) $5\dfrac{1}{3}\left(\dfrac{16}{3}\right)$　　(6) $\dfrac{3}{25}$

(7) $\dfrac{3}{16}$　　　(8) $\dfrac{3}{8}$

解説

(1) 筆算で計算します。

```
   1.⑤ ←小数点より下のけた数1
 ×  0.⑥ ←小数点より下のけた数1
 0.⑨ ⓪ ←小数点より下のけた数の和
          1+1＝2
```

> 小数のかけ算の筆算は，右側に
> そろえて書き，整数のかけ算と
> 同じように計算します。
> 積の小数点は，小数点より下の
> けた数が，かけられる数とかけ
> る数の小数点より下のけた数の
> 和と同じになるようにうちます。

(2) わり算は，たし算より先に計算
します。

$$9.8 + 3.22 \div 0.28$$

わり算は筆算で計算します。

$$3.22 \div 0.28 = 11.5$$

```
              1 1.5
 0.28 ) 3.22. 0 ←0をつけたす
  100倍  2 8 100倍   小数点の位置を
          4 2         右に2つずらす
          2 8           ↓
          1 4 0      322÷28
          1 4 0       の計算をする
              0
```

$$9.8 + 3.22 \div 0.28 = 9.8 + 11.5$$
$$= 21.3$$

> 小数のわり算は，わる数とわら
> れる数の小数点を同じ数だけ右
> に移し，わる数を整数になおし
> て計算します。
> 商の小数点は，わられる数の移
> した小数点にそろえてうちます。

(3)
$$\frac{3}{5}+\frac{8}{35}$$

$$=\frac{3\times 7}{5\times 7}+\frac{8}{35}$$ 　分母を5と35の最小公倍数の35にする

$$=\frac{21}{35}+\frac{8}{35}$$

$$=\frac{29}{35}$$

> 分母のちがう分数のたし算・ひき算は，通分して（分母が同じ分数になおして）計算します。

(4)
$$1\frac{1}{6}-\frac{2}{9}$$

$$=\frac{7}{6}-\frac{2}{9}$$ 　帯分数を仮分数になおす

$$=\frac{7\times 3}{6\times 3}-\frac{2\times 2}{9\times 2}$$ 　分母を6と9の最小公倍数の18にする

$$=\frac{21}{18}-\frac{4}{18}$$

$$=\frac{17}{18}$$

(5)
$$\frac{4}{9}\times 12$$

$$=\frac{4\times \overset{4}{12}}{\underset{3}{9}}$$ 　かける数を分子にかける ←とちゅうで約分する

$$=\frac{16}{3}$$

$$=5\frac{1}{3}$$

> 分数×整数は，分母はそのままにして，分子に整数をかけます。
> $$\frac{\triangle}{\square}\times \bigcirc=\frac{\triangle\times\bigcirc}{\square}$$

(6)
$$3\frac{3}{5}\div 30$$

$$=\frac{18}{5}\div 30$$ 　帯分数を仮分数になおす

わる数を分母にかける

$$=\frac{\overset{3}{18}}{5\times \underset{5}{30}}$$ ←とちゅうで約分する

$$=\frac{3}{25}$$

> 分数÷整数は，分子はそのままにして，分母に整数をかけます。
> $$\frac{\triangle}{\square}\div \bigcirc=\frac{\triangle}{\square\times\bigcirc}$$

(7)
$$\frac{5}{12}\times\frac{9}{20}$$

$$=\frac{\overset{1}{5}\times \overset{3}{9}}{\underset{4}{12}\times \underset{4}{20}}$$ ←とちゅうで約分する

$$=\frac{3}{16}$$

> 分数×分数は，分母どうし，分子どうしをかけます。
> $$\frac{\triangle}{\square}\times\frac{\bigcirc\!\!\!\!\bigcirc}{\bigcirc}=\frac{\triangle\times\bigcirc\!\!\!\!\bigcirc}{\square\times\bigcirc}$$

(8) $1\dfrac{5}{8} \div 4\dfrac{1}{3}$　　帯分数を仮分数に
　　　　　　　　　　なおす

$= \dfrac{13}{8} \div \dfrac{13}{3}$ ◀

$= \dfrac{13}{8} \times \dfrac{3}{13}$ ◀　　わる数の逆数を
　　　　　　　　　　かける

$= \dfrac{13 \times 3}{8 \times 13}$ ◀　　とちゅうで約分する

$= \dfrac{3}{8}$

分数÷分数は，わる数の逆数（分
母と分子を入れかえたもの）を
かけます。

$$\dfrac{\triangle}{\square} \div \dfrac{\bigcirc\!\!\!\!\!\:\bigcirc}{\bigcirc} = \dfrac{\triangle}{\square} \times \dfrac{\bigcirc}{\bigcirc\!\!\!\!\!\:\bigcirc} = \dfrac{\triangle \times \bigcirc}{\square \times \bigcirc\!\!\!\!\!\:\bigcirc}$$

　　　　　　逆数

2

解答

(9)　9　　(10)　84

解説

(9)　それぞれの数の約数を求めます。

　　18の約数

　　　①, 2, ③, 6, ⑨, 18

　　45の約数

　　　①, ③, 5, ⑨, 15, 45

　　公約数は，

　　　1, 3, 9

　　このうち，いちばん大きい数9
　　が18と45の最大公約数です。

別の解き方1

　　2つの数のうち，小さいほうの
18の約数を求めます。

　　　1, 2, 3, 6, 9, 18

　　45を18の約数のうちの大きい数
から順にわっていきます。

　　　45÷18＝2あまり9

　　　45÷9＝5

　　45をわり切ることができるいち
ばん大きい数9が18と45の最大公
約数です。

別の解き方2

　　2つの数を，共通の約数でわれ
るだけわっていきます。

　3) 　18　45
　3) 　6　15　◀─18と45を3でわった商
　　　　2　5　◀─6と15を3でわった商
3×3＝9　◀─最大公約数は9

　　この方法をすだれ算といいます。

(10) それぞれの数の倍数を求めます。

4の倍数

　4，8，12，16，20，24，28，
32，36，40，44，48，52，56，
60，64，68，72，76，80，⑧⑷，
88，…

14の倍数

　14，28，42，56，70，⑧⑷，98，
…

21の倍数

　21，42，63，⑧⑷，105，…

公倍数のうち，いちばん小さい
数84が4と14と21の最小公倍数で
す。

3

解答

(11)　4：7　　(12)　1：8

解説

(11)　24と42の最大公約数6でわりま
す。

$$24：42 = 4：7$$

（÷6）

別の解き方

最大公約数が見つけにくい場合
は，公約数でわっていきます。

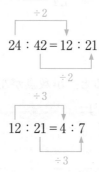

$$24：42 = 12：21$$
（÷2）

$$12：21 = 4：7$$
（÷3）

(12)　10をかけて，小数の比を整数の
比になおします。

$$0.5：4 = 5：40$$
（×10）

5と40の最大公約数5でわります。

$$5：40 = 1：8$$
（÷5）

> $a：b$の両方の数に同じ数をか
> けてできる比も，同じ数でわっ
> てできる比も，$a：b$と等しく
> なります。

4

(13) 0.786　　(14) 1.4

(15) 14

解説

(13) $\frac{1}{10}$にすると，小数点が左に1
けた移ります。

　　　0.7、8 6

> 小数を$\frac{1}{10}$，$\frac{1}{100}$，$\frac{1}{1000}$にする
> と，小数点は，それぞれ左に1
> けた，2けた，3けた移ります。

(14) $\frac{7}{5} = 7 \div 5 = 1.4$

> 分数を小数で表すには，分子を
> 分母でわります。
> $\frac{\triangle}{\square} = \triangle \div \square$

(15) 3が7倍されているので，2も
7倍します。

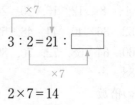

　　$2 \times 7 = 14$

（たしかめ方）

　比の値を比べます。

　3：2の比の値は，

　　$3 \div 2 = \frac{3}{2} = 1\frac{1}{2}$

　21：14の比の値は，

　　$21 \div 14 = \frac{21}{14} = \frac{3}{2} = 1\frac{1}{2}$

　比の値が等しいので，2つの比
は等しいといえます。

> $a : b = c : d$のとき$\frac{a}{b} = \frac{c}{d}$

5

解答

(16) 2.7　　(17) 9.45

解説

(16) ある数を□とすると，

$$\square \times 3.6 = 9.72$$
$$\square = 9.72 \div 3.6$$
$$= 2.7$$

$$
\begin{array}{r}
2.7 \\
3.6\,)\,9\,7.2 \\
7\,2 \\
\hline
2\,5\,2 \\
2\,5\,2 \\
\hline
0
\end{array}
$$

小数点の位置を
右に1つずらす

97.2 ÷ 36
の計算をする

(17) (16)より，ある数は2.7だから，

$$2.7 \times 3.5 = 9.45$$

$$
\begin{array}{r}
2.\,\textcircled{7} \quad \leftarrow \text{小数点より下のけた数 1}\\
\times \quad 3.\,\textcircled{5} \quad \leftarrow \text{小数点より下のけた数 1}\\
\hline
1\,3\,5 \\
8\,1 \quad\quad \\
\hline
9.\,\textcircled{4}\,\textcircled{5} \quad \leftarrow \text{小数点より下のけた数}\\
\text{の和 } 1+1=2
\end{array}
$$

6

解答

(18) 2.5kg (19) 0.5m²

解説

(18) Aの畑は，面積が42m²で収かく量が105kgだから，1m²あたりの収かく量は，

$$105 \div 42 = 2.5 (\text{kg})$$

(19) Bの畑は，面積が56m²で収かく量が112kgだから，1kgあたりの面積は，

$$56 \div 112 = 0.5 (\text{m}^2)$$

7

解答

(20) 8cm (21) 点ア，ケ

解説

(20) 展開図を組み立てます。

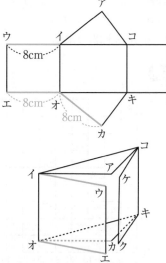

辺オカと重なる辺は，辺オエです。辺オエは辺イウと長さが等しいから，辺オカの長さは8cmです。

(21)

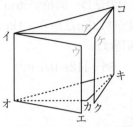

点ウに集まる点は，点アと点ケ
です。

8

[解答]

(22)　5人　　　(23)　8人

(24)　25分以上30分未満

[解説]

(22)

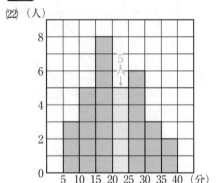

20分以上25分未満の階級の人数
は5人です。

(23)

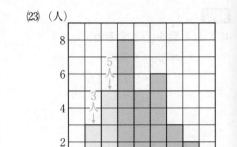

5分以上10分未満の階級の人数
は3人，10分以上15分未満の階級
の人数は5人だから，15分未満の
人数は全部で，

　　3+5=8(人)

(24)　通学時間が長いほうから人数を
数えます。

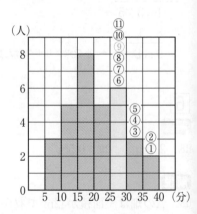

けんとさんは，長いほうから数
えて9番めだから，25分以上30分
未満の階級に入っています。

9

解答

(25)　$x \times 12 = y$　　(26)　$y = 54$

解説

(25)　底辺がx cm，高さが12cm，面積がy cm²だから，
$$x \times 12 = y$$

平行四辺形の面積＝底辺×高さ

(26)　(25)の式のxに4.5をあてはめて，
$$4.5 \times 12 = y$$
$$y = 54$$

10

解答

(27)

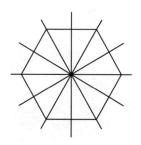

(28)　⑦，㊅

解説

(27)　次の図のように，正六角形の対称の軸は6本あります。

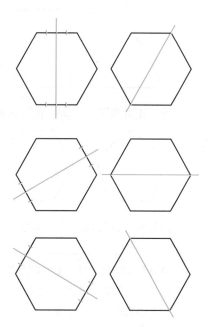

正多角形の対称の軸の本数は，頂点の数と同じです。

⑱　対称の中心は次のようになります。

　　⑦　正三角形　　⑦　正方形

　　⑦　正五角形　　㋓　正六角形

　　点対称な図形は，⑦，㋓です。

> 点対称な図形では，1つの点のまわりに180°回転させたとき，もとの形にぴったり重なります。

> 点対称な図形では，対応する2つの点を結ぶ直線は，対称の中心を通ります。

11

解答

⑲　5　　⑳　23

解説

⑲　アは，左右にある2つの数8と2の平均だから，合計を個数でわって平均を求めます。

$$(8+2) \div 2 = 5$$

> 平均＝合計÷個数

⑳　図3のように，〇の中の数をウ，エとします。

　　エと26の平均が18だから，エと26の合計は，

$$18 \times 2 = 36$$

　　エにあてはまる数は，

$$36 - 26 = 10$$

図3

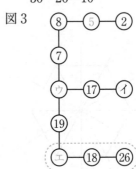

図4より，ウは8，7，19，10の
平均だから，ウにあてはまる数は，
　　$(8+7+19+10) \div 4 = 11$

図4

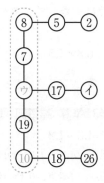

　図5より，11とイの平均は17だ
から，11とイの合計は，
　　$17 \times 2 = 34$
　イにあてはまる数は，
　　$34 - 11 = 23$

図5

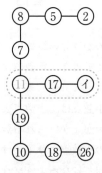

1

解答

(1) 6.5

(2) 4.4

(3) $\dfrac{11}{15}$

(4) $\dfrac{5}{12}$

(5) $1\dfrac{1}{7}\left(\dfrac{8}{7}\right)$

(6) $\dfrac{1}{18}$

(7) $\dfrac{7}{20}$

(8) $1\dfrac{1}{9}\left(\dfrac{10}{9}\right)$

解説

(1) 筆算で計算します。

$$
\begin{array}{r}
6.5 \\
3.4\,)\overline{2\,2\,1.0} \\
\end{array}
$$

←0をつけたす

10倍　10倍

2 0 4

小数点の位置を
右に1つずらす

1 7 0

1 7 0

$221 \div 34$
の計算をする

0

> 小数のわり算は，わる数とわられる数の小数点を同じ数だけ右に移し，わる数を整数になおして計算します。
> 商の小数点は，わられる数の移した小数点にそろえてうちます。

(2) かけ算は，たし算より先に計算します。

$$3.2 + 0.8 \times 1.5$$

②　①

かけ算は筆算で計算します。

$$0.8 \times 1.5 = 1.2$$

$$
\begin{array}{r}
0.\circled{8} \\
\times\ 1.\circled{5} \\
\hline
4\ 0 \\
8 \\
\hline
1.\circled{2}\,\circled{0} \\
\end{array}
$$

←小数点より下のけた数 1

←小数点より下のけた数 1

←小数点より下のけた数
の和　$1+1=2$

$$3.2 + 0.8 \times 1.5 = 3.2 + 1.2$$
$$= 4.4$$

> 小数のかけ算の筆算は，右側にそろえて書き，整数のかけ算と同じように計算します。
> 積の小数点は，小数点より下のけた数が，かけられる数とかける数の小数点より下のけた数の和と同じになるようにうちます。

(3) $\dfrac{2}{5} + \dfrac{1}{3}$

$= \dfrac{2 \times 3}{5 \times 3} + \dfrac{1 \times 5}{3 \times 5}$　分母を5と3の
　　　　　　　　　　　　最小公倍数の15
　　　　　　　　　　　　にする

$= \dfrac{6}{15} + \dfrac{5}{15}$

$= \dfrac{11}{15}$

> 分母のちがう分数のたし算・ひ
> き算は，通分して（分母が同じ
> 分数になおして）計算します。

(4) $1\dfrac{1}{4} - \dfrac{5}{6}$

$= \dfrac{5}{4} - \dfrac{5}{6}$　帯分数を仮分数に
　　　　　　　　なおす

$= \dfrac{5 \times 3}{4 \times 3} - \dfrac{5 \times 2}{6 \times 2}$　分母を4と6の
　　　　　　　　　　　　最小公倍数の12
　　　　　　　　　　　　にする

$= \dfrac{15}{12} - \dfrac{10}{12}$

$= \dfrac{5}{12}$

(5) $\dfrac{4}{7} \times 2$

$= \dfrac{4 \times 2}{7}$　かける数を分子に
　　　　　　　かける

$= \dfrac{8}{7}$

$= 1\dfrac{1}{7}$

> 分数×整数は，分母はそのまま
> にして，分子に整数をかけます。
> $\dfrac{\triangle}{\square} \times \bigcirc = \dfrac{\triangle \times \bigcirc}{\square}$

(6) $\dfrac{4}{9} \div 8$　わる数を分母に
　　　　　　　かける

$= \dfrac{\overset{1}{4}}{9 \times \underset{2}{8}}$　とちゅうで約分する

$= \dfrac{1}{18}$

> 分数÷整数は，分子はそのまま
> にして，分母に整数をかけます。
> $\dfrac{\triangle}{\square} \div \bigcirc = \dfrac{\triangle}{\square \times \bigcirc}$

(7) $\dfrac{49}{72} \times \dfrac{18}{35}$

$= \dfrac{\overset{7}{49} \times \overset{1}{18}}{\underset{4}{72} \times \underset{5}{35}}$　とちゅうで約分する

$= \dfrac{7}{20}$

> 分数×分数は，分母どうし，
> 分子どうしをかけます。
> $\dfrac{\triangle}{\square} \times \dfrac{\bigcirc\!\!\!\!\bigcirc}{\bigcirc} = \dfrac{\triangle \times \bigcirc\!\!\!\!\bigcirc}{\square \times \bigcirc}$

(8)

$$\frac{26}{45} \div \frac{13}{25}$$

→ わる数の逆数を かける

$$= \frac{26}{45} \times \frac{25}{13}$$

$$= \frac{\overset{2}{\cancel{26}} \times \overset{5}{\cancel{25}}}{\underset{9}{\cancel{45}} \times \underset{1}{\cancel{13}}} \quad \longleftarrow \text{とちゅうで約分する}$$

$$= \frac{10}{9}$$

$$= 1\frac{1}{9}$$

分数÷分数は, わる数の逆数(分母と分子を入れかえたもの)をかけます。

$$\dfrac{\triangle}{\square} \div \dfrac{\bigcirc}{\bigcirc} = \dfrac{\triangle}{\square} \times \dfrac{\bigcirc}{\bigcirc} = \dfrac{\triangle \times \bigcirc}{\square \times \bigcirc}$$

逆数

2

(9) 9   (10) 210

解説

(9) それぞれの数の約数を求めます。

36の約数

①, 2, ③, 4, 6, ⑨, 12, 18, 36

81の約数

①, ③, ⑨, 27, 81

公約数は,

1, 3, 9

このうち, いちばん大きい数9が36と81の最大公約数です。

別の解き方1

2つの数のうち, 小さいほうの36の約数を求めます。

1, 2, 3, 4, 6, 9, 12, 18, 36

81を36の約数のうちの大きい数から順にわっていきます。

81÷36＝2あまり9

81÷18＝4あまり9

81÷12＝6あまり9

81÷9＝9

81をわり切ることができるいちばん大きい数9が36と81の最大公約数です。

別の解き方2

2つの数を, 共通の約数でわれるだけわっていきます。

```
3) 36  81
3) 12  27   ← 36と81を3でわった商
    4   9   ← 12と27を3でわった商
```
3×3＝9 ← 最大公約数は9

この方法をすだれ算といいます。

⑽　それぞれの数の倍数を求めます。

　　14の倍数

　　　14，28，42，56，70，84，98，
　　　112，126，140，154，168，
　　　182，196，⑳⑩，224，…

　　21の倍数

　　　21，42，63，84，105，126，
　　　147，168，189，⑳⑩，231，…

　　35の倍数

　　　35，70，105，140，175，⑳⑩，
　　　245，…

　　公倍数のうち，いちばん小さい
　　数210が14と21と35の最小公倍数
　　です。

3

解答

⑾　4：7　　　⑿　3：4

解説

⑾　16と28の最大公約数4でわります。

$$16：28 = 4：7$$

別の解き方

　　最大公約数が見つけにくい場合
　は，公約数でわっていきます。

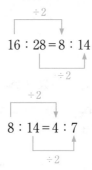

$$16：28 = 8：14$$

$$8：14 = 4：7$$

⑿　分母の6と9の最小公倍数18を
　かけて，分数の比を整数の比にな
　おします。

$$\frac{1}{6} : \frac{2}{9} = 3：4$$

> $a：b$の両方の数に同じ数をかけ
> てできる比も，同じ数でわっ
> てできる比も，$a：b$と等しく
> なります。

解答

(13) 10.245　　(14) 4.8

(15) 15

解説

(13) $\frac{1}{10}$ にすると，小数点が左に1
けた移ります。

$$1\ 0.2\ 4\ 5$$

> 小数を $\frac{1}{10}$，$\frac{1}{100}$，$\frac{1}{1000}$ にする
> と，小数点は，それぞれ左に1
> けた，2けた，3けた移ります。

(14) $4\frac{4}{5}=\frac{24}{5}=24\div5=4.8$

> 分数を小数で表すには，分子を
> 分母でわります。
> $\frac{\triangle}{\square}=\triangle\div\square$

(15) 8が5倍されているので，3も
5倍します。

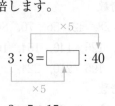

$$3\times5=15$$

（たしかめ方）

　比の値を比べます。

　3：8の比の値は，

$$3\div8=\frac{3}{8}$$

　15：40の比の値は，

$$15\div40=\frac{15}{40}=\frac{3}{8}$$

　比の値が等しいので，2つの比
は等しいといえます。

> $a:b=c:d$ のとき $\frac{a}{b}=\frac{c}{d}$

5

解答

(16) $3\frac{23}{24}\left(\frac{95}{24}\right)$ m　　(17) $\frac{19}{24}$ m

解説

(16) $2\dfrac{3}{8} + 1\dfrac{7}{12}$ 帯分数を仮分数に
なおす

$= \dfrac{19}{8} + \dfrac{19}{12}$

$= \dfrac{19 \times 3}{8 \times 3} + \dfrac{19 \times 2}{12 \times 2}$ 分母を8と12の
最小公倍数の24
にする

$= \dfrac{57}{24} + \dfrac{38}{24}$

$= \dfrac{95}{24}$

$= 3\dfrac{23}{24}$ (m)

別の解き方

$\qquad 2\dfrac{3}{8} + 1\dfrac{7}{12}$

$= 2\dfrac{3 \times 3}{8 \times 3} + 1\dfrac{7 \times 2}{12 \times 2}$ 分母を8と12の
最小公倍数の24
にする

$= 2\dfrac{9}{24} + 1\dfrac{14}{24}$

$= 2 + 1 + \dfrac{9}{24} + \dfrac{14}{24}$ 整数部分と
分数部分に
分ける

$= 3 + \dfrac{23}{24}$

$= 3\dfrac{23}{24}$ (m)

(17) $2\dfrac{3}{8} - 1\dfrac{7}{12}$ 帯分数を仮分数に
なおす

$= \dfrac{19}{8} - \dfrac{19}{12}$

$= \dfrac{19 \times 3}{8 \times 3} - \dfrac{19 \times 2}{12 \times 2}$ 分母を8と12の
最小公倍数の24
にする

$= \dfrac{57}{24} - \dfrac{38}{24}$

$= \dfrac{19}{24}$ (m)

解答

(18)   9点   (19)   10点

解説

(18)   5試合で入れた点数の合計を試合数でわります。

$\qquad (8 + 7 + 11 + 10 + 9) \div 5$

$= 45 \div 5$

$= 9$(点)

> 平均＝合計÷個数

(19)   6試合の点数の平均が8点のとき, 6試合で入れた点数の合計は,

$\qquad 8 \times 6 = 48$(点)

表より, けんたさんが5試合で入れた点数の合計は,

$\qquad 6 + 10 + 6 + 9 + 7 = 38$(点)

だから, けんたさんは6試合めで

$\qquad 48 - 38 = 10$(点)

入れればよいです。

> 合計＝平均×個数

7

解答

(20)　3cm　　(21)　点ア，キ

解説

(20)　展開図を組み立てます。

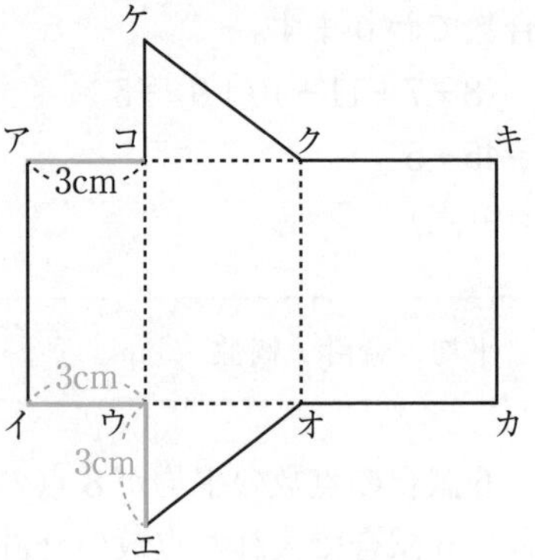

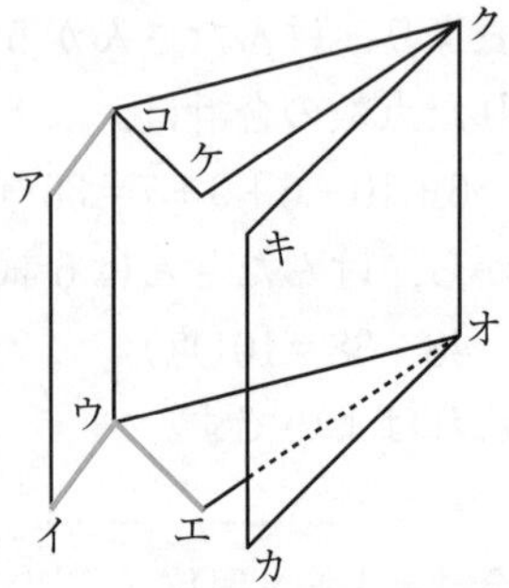

辺ウエと重なる辺は，辺ウイです。辺ウイは辺コアと長さが等しいから，辺ウエの長さは3cmです。

(21)

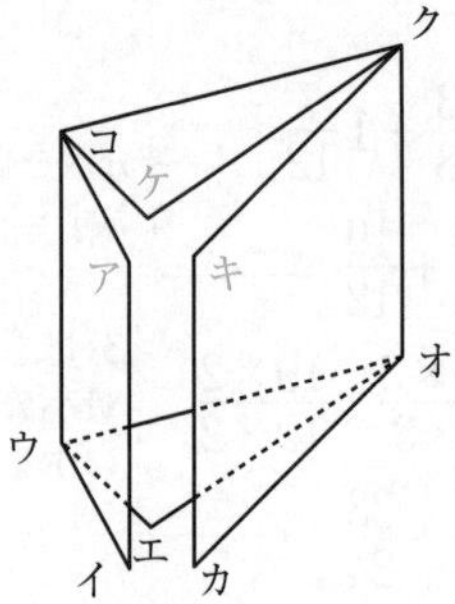

点ケに集まる点は，点アと点キです。

8

解答

(22)　$200-x=y$　　(23)　$y=160$

(24)　$x=110$

解説

(22)　図で表すと，

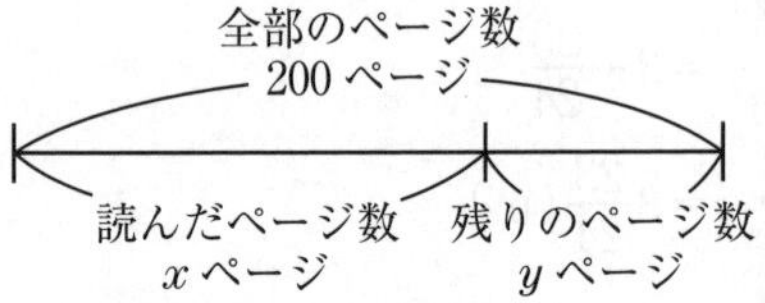

（全部のページ数）−（読んだページ数）＝（残りのページ数）だから，x，yをあてはめると，

$$200-x=y$$

別の解き方1

（全部のページ数）−（残りの
ページ数）＝（読んだページ数）だ
から，x，yをあてはめると，

$$200 - y = x$$

別の解き方2

（読んだページ数）＋（残りの
ページ数）＝（全部のページ数）だ
から，x，yをあてはめると，

$$x + y = 200$$

⑵ ㉒の式のxに40をあてはめて計
算します。

$$200 - 40 = y$$
$$y = 160$$

⑵ ㉒の式のyに90をあてはめて計
算します。

$$200 - x = 90$$
$$x = 200 - 90$$
$$x = 110$$

解答

⑵ 6通り ㉖ 24通り

解説

⑵ 3色を使う場合，色のぬり方は，
次の6通りです。

① ② ③

㉖ 4色から3色を選んで使う場合，
①に赤をぬるときの色のぬり方は，
次の6通りです。

① ② ③

同じように，①に青をぬるとき，
黄をぬるとき，緑をぬるときの色
のぬり方もそれぞれ6通りだから，
色のぬり方は全部で，

$$6 \times 4 = 24（通り）$$

10

解答

(27)　$6 \times 6 \times 3.14 = 113.04$

　　　　　　（答え）　113.04cm^2

(28)　50.24cm^2

解説

(27)　半径が 6 cm の円で，円周率が
3.14 だから，面積は,
$$6 \times 6 \times 3.14 = 113.04 \, (\text{cm}^2)$$

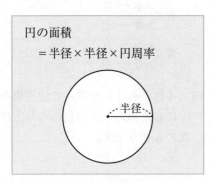

円の面積
＝半径×半径×円周率

半径

(28)　半径 8 cm の円の $\dfrac{1}{4}$ の形だから,
面積は,
$$8 \times 8 \times 3.14 \div 4 = 50.24 \, (\text{cm}^2)$$

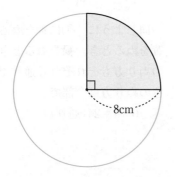

8cm

11

解答

(29)　121個　　(30)　72個

解説

(29)　タイルのならべ方のきまりを見
つけます。

　　1 辺のタイルの数は，次のよう
に 2 個ずつ増えます。

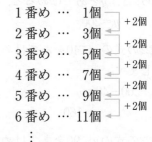

1 番め … 　1個
2 番め … 　3個　＋2個
3 番め … 　5個　＋2個
4 番め … 　7個　＋2個
5 番め … 　9個　＋2個
6 番め … 11個　＋2個
　⋮

　　6 番めの形は，1 辺のタイルの
数が11個の正方形だから，タイル
の数は全部で,
$$11 \times 11 = 121 \, (\text{個})$$

⑶ 6番めの形の ▨ のタイルの数は，2番めの形，4番めの形，6番めの形のいちばん外側のタイルの数の合計です。

2番めの形の1辺のタイルの数は3個です。いちばん外側のタイルの数は，図のように4つの部分に分けて数えます。1つ分は1辺のタイルの数より1個少ない2個だから，その数は，

(3-1)×4=8(個)

4番めの形の1辺のタイルの数は7個だから，いちばん外側のタイルの数は，

(7-1)×4=24(個)

6番めの形の1辺のタイルの数は11個だから，いちばん外側のタイルの数は，

(11-1)×4=40(個)

全部たすと，

8+24+40=72(個)

1

解答

(1) 35.808   (2) 45.3

(3) $1\dfrac{8}{15}\left(\dfrac{23}{15}\right)$ (4) $\dfrac{3}{8}$

(5) $2\dfrac{1}{5}\left(\dfrac{11}{5}\right)$ (6) $\dfrac{2}{75}$

(7) $\dfrac{7}{45}$ (8) $3\dfrac{3}{4}\left(\dfrac{15}{4}\right)$

解説

(1) 筆算で計算します。

```
      7 . ④ ⑥   ←小数点より下の
  ×       4 . ⑧      けた数 2
                  ←小数点より下の
  5  9  6  8         けた数 1

2  9  8  4
3  5 . ⑧  ⓪  ⑧  ←小数点より下の
                    けた数の和
                    2+1=3
```

> 小数のかけ算の筆算は，右側にそろえて書き，整数のかけ算と同じように計算します。
> 積の小数点は，小数点より下のけた数が，かけられる数とかける数の小数点より下のけた数の和と同じになるようにうちます。

(2) わり算は，ひき算より先に計算します。

$$49.5 - 31.5 \div 7.5$$

わり算は筆算で計算します。

$$31.5 \div 7.5 = 4.2$$

```
              4 . 2
  7 5 ) 3 1 5 . 0   ←0をつけたす
10倍    3 0 0      10倍
        1 5 0      小数点の位置を
        1 5 0      右に1つずらす
              0    315÷75
                   の計算をする
```

$$49.5 - 31.5 \div 7.5 = 49.5 - 4.2$$
$$= 45.3$$

> 小数のわり算は，わる数とわられる数の小数点を同じ数だけ右に移し，わる数を整数になおして計算します。
> 商の小数点は，わられる数の移した小数点にそろえてうちます。

(3) $\dfrac{7}{10} + \dfrac{5}{6}$

$= \dfrac{7 \times 3}{10 \times 3} + \dfrac{5 \times 5}{6 \times 5}$ ⎤ 分母を10と6の
最小公倍数の30
にする

$= \dfrac{21}{30} + \dfrac{25}{30}$ ⎦

$= \dfrac{46}{30}$ ⎤ 約分する

$= \dfrac{23}{15}$ ⎦

$= 1\dfrac{8}{15}$

> 分母のちがう分数のたし算・ひ
> き算は，通分して（分母が同じ
> 分数になおして）計算します。

(4) $2\dfrac{7}{40} - 1\dfrac{4}{5}$ ⎤ 帯分数を仮分数に
なおす

$= \dfrac{87}{40} - \dfrac{9}{5}$

$= \dfrac{87}{40} - \dfrac{9 \times 8}{5 \times 8}$ ⎤ 分母を40と5の
最小公倍数の40
にする

$= \dfrac{87}{40} - \dfrac{72}{40}$ ⎦

$= \dfrac{15}{40}$ ⎤ 約分する

$= \dfrac{3}{8}$ ⎦

(5) $\dfrac{11}{30} \times 6$ ⎤ かける数を分子に
かける

$= \dfrac{11 \times \overset{1}{6}}{\underset{5}{30}}$ ←とちゅうで約分する

$= \dfrac{11}{5}$

$= 2\dfrac{1}{5}$

> 分数×整数は，分母はそのまま
> にして，分子に整数をかけます。
> $\dfrac{\triangle}{\square} \times \bigcirc = \dfrac{\triangle \times \bigcirc}{\square}$

(6) $\dfrac{4}{15} \div 10$ ⎤ わる数を分母に
かける

$= \dfrac{\overset{2}{4}}{15 \times \underset{5}{10}}$ ←とちゅうで約分する

$= \dfrac{2}{75}$

> 分数÷整数は，分子はそのまま
> にして，分母に整数をかけます。
> $\dfrac{\triangle}{\square} \div \bigcirc = \dfrac{\triangle}{\square \times \bigcirc}$

(7) $\dfrac{7}{24} \times \dfrac{8}{15}$

$= \dfrac{7 \times \overset{1}{8}}{\underset{3}{24} \times 15}$ ← とちゅうで約分する

$= \dfrac{7}{45}$

> 分数×分数は，分母どうし，
> 分子どうしをかけます。
>
> $\dfrac{\triangle}{\square} \times \dfrac{\bigcirc}{\bigcirc} = \dfrac{\triangle \times \bigcirc}{\square \times \bigcirc}$

(8) $4\dfrac{1}{5} \div 1\dfrac{3}{25}$ — 帯分数を仮分数に
なおす

$= \dfrac{21}{5} \div \dfrac{28}{25}$

$= \dfrac{21}{5} \times \dfrac{25}{28}$ ← わる数の逆数を
かける

$= \dfrac{\overset{3}{21} \times \overset{5}{25}}{\underset{1}{5} \times \underset{4}{28}}$ ← とちゅうで約分する

$= \dfrac{15}{4}$

$= 3\dfrac{3}{4}$

> 分数÷分数は，わる数の逆数（分
> 母と分子を入れかえたもの）を
> かけます。
>
> $\dfrac{\triangle}{\square} \div \boxed{\dfrac{\bigcirc}{\bigcirc}} = \dfrac{\triangle}{\square} \times \boxed{\dfrac{\bigcirc}{\bigcirc}} = \dfrac{\triangle \times \bigcirc}{\square \times \bigcirc}$
>
> 逆数

2

解答

(9) 6 　　(10) 150

解説

(9) それぞれの数の約数を求めます。

18の約数

①，②，③，⑥，9，18

24の約数

①，②，③，4，⑥，8，12，24

公約数は，

1，2，3，6

このうち，いちばん大きい数6が18と24の最大公約数です。

別の解き方1

2つの整数のうち，小さいほうの18の約数を求めます。

1，2，3，6，9，18

24を18の約数のうちの大きい数から順にわっていきます。

24÷18＝1あまり6

24÷9＝2あまり6

24÷6＝4

24をわり切ることができるいちばん大きい数6が18と24の最大公約数です。

別の解き方2

2つの数を，共通の約数でわれるだけわっていきます。

$\begin{array}{r|rr} 2) & 18 & 24 \\ 3) & 9 & 12 \\ & 3 & 4 \end{array}$ ← 18と24を2でわった商
← 9と12を3でわった商

$2 \times 3 = 6$ ← 最大公約数は6

この方法をすだれ算といいます。

⑽　それぞれの数の倍数を求めます。

　　10の倍数

　　　10, 20, 30, 40, 50, 60, 70,
　　80, 90, 100, 110, 120, 130,
　　140, ⟨150⟩, 160, …

　　15の倍数

　　　15, 30, 45, 60, 75, 90,
　　105, 120, 135, ⟨150⟩, 165, …

　　25の倍数

　　　25, 50, 75, 100, 125, ⟨150⟩
　　175, …

　　公倍数のうち，いちばん小さい
数150が10と15と25の最小公倍数
です。

3

解答

⑾　8 : 9　　　⑿　2 : 15

解説

⑾　56と63の最大公約数 7 でわります。

$$56 : 63 = 8 : 9$$

（$\div 7$ を両方に適用）

⑿　分母の 3 をかけて，分数の比を
　整数の比になおします。

$$\frac{2}{3} : 5 = 2 : 15$$

（$\times 3$ を両方に適用）

> $a : b$ の両方の数に同じ数をか
> けてできる比も，同じ数でわっ
> てできる比も，$a : b$ と等しく
> なります。

4

解答

⒀　1.234　　⒁　0.4

⒂　84

解説

⒀　$\dfrac{1}{100}$ にすると，小数点が左に 2
　けた移ります。

　　1.2 3 4

> 小数を $\dfrac{1}{10}$，$\dfrac{1}{100}$，$\dfrac{1}{1000}$ にする
> と，小数点は，それぞれ左に 1
> けた，2 けた，3 けた移ります。

(14) $\dfrac{2}{5} = 2 \div 5 = 0.4$

> 分数を小数で表すには，分子を
> 分母でわります。
> $\dfrac{\triangle}{\Box} = \triangle \div \Box$

(15) 5が6倍されているので，14も6倍します。

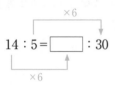

$$14 : 5 = \boxed{} : 30$$

$$14 \times 6 = 84$$

（たしかめ方）

比の値を比べます。

14：5の比の値は，

$$14 \div 5 = \dfrac{14}{5} = 2\dfrac{4}{5}$$

84：30の比の値は，

$$84 \div 30 = \dfrac{84}{30} = \dfrac{14}{5} = 2\dfrac{4}{5}$$

比の値が等しいので，2つの比は等しいといえます。

> $a : b = c : d$ のとき $\dfrac{a}{b} = \dfrac{c}{d}$

5

解答

(16) 2.5倍　　(17) 28.9m^2

解説

(16) $8.5 \div 3.4 = 2.5$（倍）

```
        2.5
  3 4 ) 8 5.0   ←0をつけたす
        6 8
        1 7 0
        1 7 0
              0
```
10倍　10倍
小数点の位置を右に1つずらす
↓
$85 \div 34$ の計算をする

(17) 縦の長さが8.5m，横の長さが3.4mの長方形だから，面積は，

$$8.5 \times 3.4 = 28.9 \, (\text{m}^2)$$

```
      8.⑤   ←小数点より下のけた数1
  ×   3.④   ←小数点より下のけた数1
      3 4 0
    2 5 5
  2 8.⑨ ⑩   ←小数点より下のけた数
             の和　1＋1＝2
```

6

解答

(18) 115円　　(19) Bの店

解説

(18) Aの店では，10個まとめて買うと1140円，1個ずつ買うと120円だから，12個買うときの代金は，

$$1140 + 120 \times 2$$
$$= 1140 + 240 = 1380 \, (\text{円})$$

12個で1380円だから，1個あたりの値段は，

$$1380 \div 12 = 115 \, (\text{円})$$

(19) Bの店では，5個まとめて買う
　　と560円，1個ずつ買うと124円だ
　　から，12個買うときの代金は，
　　　　$560 \times 2 + 124 \times 2$
　　　$= 1120 + 248 = 1368$（円）
　　12個で1368円だから，1個あた
　　りの値段は，
　　　　$1368 \div 12 = 114$（円）
　　　1個あたりの値段は，
　　　Aの店　　115円
　　　Bの店　　114円
　　　Cの店　　118円
　　いちばん安いのはBの店です。

別の解き方

　　ドーナツ12個の代金で比べます。
　　　Aの店　　1380円
　　　Bの店　　1368円
　　　Cの店　　$118 \times 12 = 1416$（円）
　　12個分の代金がいちばん安いB
　　の店が，1個あたりの値段もいち
　　ばん安いです。

7

解答

(20)　128cm^2　　(21)　350cm^2

解説

(20)　底辺が8cm，高さが16cmの平
　　行四辺形だから，面積は，
　　　　$8 \times 16 = 128 (\text{cm}^2)$

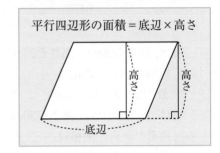

⑵1   2つの三角形㋐，㋑に分けて求
めます。

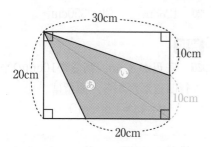

　㋐は，底辺が20cm，高さが20cm
の三角形だから，面積は，
　　20×20÷2＝200（cm²）
　㋑は，底辺が10cm，高さが30cm
の三角形だから，面積は，
　　10×30÷2＝150（cm²）
　よって，求める面積は，
　　200＋150＝350（cm²）

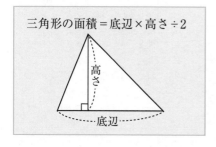

三角形の面積＝底辺×高さ÷2

別の解き方
　長方形の面積から2つの三角形
㋒，㋓の面積をひきます。

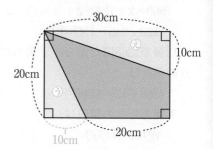

　長方形の面積は，
　　20×30＝600（cm²）
　㋒は，底辺が10cm，高さが20cm
の三角形だから，面積は，
　　10×20÷2＝100（cm²）
　㋓は，底辺が30cm，高さが10cm
の三角形だから，面積は，
　　30×10÷2＝150（cm²）
　よって，求める面積は，
　　600－100－150＝350（cm²）

8

解答

⑵2　12：13

⑵3　120×$\frac{8}{15}$＝64

　　　　　　　（答え）　64人

解説

(22) 5年生の男子と女子の人数の比は60：65です。この比を簡単にするには，両方の数を60と65の最大公約数5でわります。

$$\begin{array}{c}\overset{\div 5}{\overbrace{}}\\ 60:65=12:13\\ \underset{\div 5}{\underbrace{}}\end{array}$$

(23) 6年生の男子と女子の人数の比は 8：7 だから，6 年生全体は8＋7＝15です。6 年生の人数は全部で120人なので，男子の人数は，

$$120\times\frac{8}{15}=\frac{\overset{8}{\cancel{120}}\times 8}{\cancel{15}}=64（人）$$

9
解答

(24) 300cm以上320cm未満
(25) 320cm以上340cm未満
(26) 30％

解説

(24) 300cmは表の「300以上～320未満」に入っています。
「300未満」には300はふくまれません。

(25) 記録が大きいほうから人数を数えます。

きょり（cm）	人数（人）	
240以上～260未満	3	
260　　～280	3	
280　　～300	7	
300　　～320	8	
320　　～340	5	⑤⑥⑦⑧⑨
340　　～360	4	①②③④
合計	30	

5 番めの人は「320以上～340未満」の階級に入っています。

(26) 表より，「320以上～340未満」の人は 5 人，「340以上～360未満」の人は 4 人だから，記録が320cm以上の人は，

5＋4＝9（人）

もとにする量
…全体の人数（30人）
比べる量
…320cm以上の人数（9 人）
割合を百分率で表すから，
9÷30×100＝30（％）

10

解答

(27) ⑦, ⑦, ⑦, ㋒

(28) ㋑, ㋔

解説

(27) 対称の軸は次のようになります。

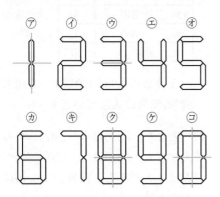

　線対称な図形は, ⑦, ⑦, ⑦, ㋒です。

> 線対称な図形は, 対称の軸を折り目にして折ったとき, 折り目の両側がぴったり重なります。

(28) 対称の中心は次のようになります。

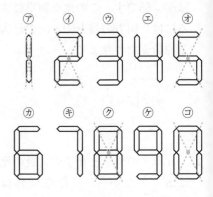

　点対称な図形は, ⑦, ㋑, ㋔, ⑦, ㋒です。

　⑦, ⑦, ㋒は線対称な図形でもあるので, 点対称であるが線対称でない図形は㋑, ㋔です。

> 点対称な図形では, 1つの点のまわりに180°回転させたとき, もとの形にぴったり重なります。

> 点対称な図形では, 対応する2つの点を結ぶ直線は, 対称の中心を通ります。

11

⑵⑼ 46日　　⑶⑽ 21日

解説

⑵⑼ 練習する日を○，休みを×として表に表します。

6月	1	2	3	4	5	6	7	8	9	10	11	12
ありさ	○	○	○	×	○	○	○	×	○	○	○	×

6月1日から7月31日までの日数は，

$$30 + 31 = 61（日）$$

ありささんは4日に1日休むから，休む日数は，

$$61 ÷ 4 = 15（日）あまり1（日）$$

より，15日です。

よって，練習する日数は，

$$61 - 15 = 46（日）$$

⑶⑽ ありささんは4日に1日，かえでさんは3日に1日，ゆりなさんは2日に1日休みます。

4と3と2の最小公倍数が12であることから，12日ごとに同じ予定をくり返します。

次の表のように，12日間で3人全員が練習するのは4日です。

6月	1	2	3	4	5	6	7	8	9	10	11	12
ありさ	○	○	○	×	○	○	○	×	○	○	○	×
かえで	○	○	×	○	○	×	○	○	×	○	○	×
ゆりな	○	×	○	×	○	×	○	×	○	×	○	×

61日間で12日ごとの予定をくり返す回数は，

$$61 ÷ 12 = 5（回）あまり1（日）$$

4日ずつ5回くり返すから，

$$4 × 5 = 20（日）$$

あまりの1日は12日間の1日めだから，3人とも練習する日です。

$$20 + 1 = 21（日）$$

1

解答

(1)　84　　　　　(2)　69.6

(3)　$1\dfrac{3}{10}\left(\dfrac{13}{10}\right)$　　(4)　$\dfrac{7}{15}$

(5)　$1\dfrac{2}{3}\left(\dfrac{5}{3}\right)$　　(6)　$\dfrac{2}{63}$

(7)　$\dfrac{5}{18}$　　(8)　$4\dfrac{1}{5}\left(\dfrac{21}{5}\right)$

解説

(1)　筆算で計算します。

$$\begin{array}{r} 8.\text{⑦}\,\text{⑤} \\ \times\quad 9.\text{⑥} \\ \hline 5\;2\;5\;0 \\ 7\;8\;7\;5\quad \\ \hline 8\;4.\text{⓪}\,\text{⓪}\,\text{⓪} \end{array}$$

←小数点より下の
けた数 2

←小数点より下の
けた数 1

小数点より下の
けた数の和

←2＋1＝3

> 小数のかけ算の筆算は，右側に
> そろえて書き，整数のかけ算と
> 同じように計算します。
> 積の小数点は，小数点より下の
> けた数が，かけられる数とかけ
> る数の小数点より下のけた数の
> 和と同じになるようにうちます。

(2)　わり算は，ひき算より先に計算
します。

$$75.6 - 50.4 \div 8.4$$

わり算は筆算で計算します。

$$50.4 \div 8.4 = 6$$

$$8\,,\!4\,)\overline{\,5\,0\,,\!4\,}$$

10倍　　10倍

小数点の位置を
右に1つずらす

↓

$504 \div 84$
の計算をする

$$75.6 - 50.4 \div 8.4 = 75.6 - 6$$
$$= 69.6$$

> 小数のわり算は，わる数とわら
> れる数の小数点を同じ数だけ右
> に移し，わる数を整数になおし
> て計算します。
> 商の小数点は，わられる数の移
> した小数点にそろえてうちます。

(3) $\dfrac{11}{20} + \dfrac{3}{4}$

$= \dfrac{11}{20} + \dfrac{3 \times 5}{4 \times 5}$ ← 分母を20と4の最小公倍数の20にする

$= \dfrac{11}{20} + \dfrac{15}{20}$

$= \dfrac{26}{20}$

$= \dfrac{13}{10}$ ← 約分する

$= 1\dfrac{3}{10}$

> 分母のちがう分数のたし算・ひき算は，通分して(分母が同じ分数になおして)計算します。

(4) $2\dfrac{3}{10} - 1\dfrac{5}{6}$

$= \dfrac{23}{10} - \dfrac{11}{6}$ ← 帯分数を仮分数になおす

$= \dfrac{23 \times 3}{10 \times 3} - \dfrac{11 \times 5}{6 \times 5}$ ← 分母を10と6の最小公倍数の30にする

$= \dfrac{69}{30} - \dfrac{55}{30}$

$= \dfrac{14}{30}$

$= \dfrac{7}{15}$ ← 約分する

(5) $\dfrac{5}{24} \times 8$

$= \dfrac{5 \times \overset{1}{8}}{\underset{3}{24}}$ ← かける数を分子にかける ← とちゅうで約分する

$= \dfrac{5}{3}$

$= 1\dfrac{2}{3}$

> 分数×整数は，分母はそのままにして，分子に整数をかけます。
>
> $\dfrac{\triangle}{\Box} \times \bigcirc = \dfrac{\triangle \times \bigcirc}{\Box}$

(6) $\dfrac{10}{21} \div 15$

$= \dfrac{\overset{2}{10}}{21 \times \underset{3}{15}}$ ← わる数を分母にかける ← とちゅうで約分する

$= \dfrac{2}{63}$

> 分数÷整数は，分子はそのままにして，分母に整数をかけます。
>
> $\dfrac{\triangle}{\Box} \div \bigcirc = \dfrac{\triangle}{\Box \times \bigcirc}$

(7) $\dfrac{25}{42} \times \dfrac{7}{15}$

$= \dfrac{\overset{5}{\cancel{25}} \times \overset{1}{\cancel{7}}}{\underset{6}{\cancel{42}} \times \underset{3}{\cancel{15}}}$ ← とちゅうで約分する

$= \dfrac{5}{18}$

> 分数×分数は，分母どうし，分子どうしをかけます。
>
> $\dfrac{\triangle}{\square} \times \dfrac{\bigcirc\!\!\!\bigcirc}{\bigcirc} = \dfrac{\triangle \times \bigcirc\!\!\!\bigcirc}{\square \times \bigcirc}$

(8) $5\dfrac{2}{5} \div 1\dfrac{2}{7}$

$= \dfrac{27}{5} \div \dfrac{9}{7}$ ← 帯分数を仮分数になおす

$= \dfrac{27}{5} \times \dfrac{7}{9}$ ← わる数の逆数をかける

$= \dfrac{27 \times 7}{5 \times \underset{1}{\cancel{9}}}^{3}$ ← とちゅうで約分する

$= \dfrac{21}{5}$

$= 4\dfrac{1}{5}$

> 分数÷分数は，わる数の逆数（分母と分子を入れかえたもの）をかけます。
>
>
>
> 逆数

2

解答

(9) 8   (10) 240

解説

(9) それぞれの数の約数を求めます。

56の約数

①, ②, ④, 7, ⑧, 14, 28, 56

72の約数

①, ②, 3, ④, 6, ⑧, 9, 12, 18, 24, 36, 72

公約数は，

1, 2, 4, 8

このうち，いちばん大きい数8が56と72の最大公約数です。

別の解き方１

２つの数のうち，小さいほうの56の約数を求めます。

1, 2, 4, 7, 8, 14, 28, 56

72を56の約数のうちの大きい数から順にわっていきます。

$72 \div 56 = 1$ あまり 16

$72 \div 28 = 2$ あまり 16

$72 \div 14 = 5$ あまり 2

$72 \div 8 = 9$

72をわり切ることができるいちばん大きい数8が56と72の最大公約数です。

別の解き方2

　2つの数を，共通の約数でわれるだけわっていきます。

```
2 ) 56  72
2 ) 28  36  ← 56と72を2でわった商
2 ) 14  18  ← 28と36を2でわった商
      7   9  ← 14と18を2でわった商
2×2×2＝8 ← 最大公約数は8
```

　この方法をすだれ算といいます。

⑽　それぞれの数の倍数を求めます。

6の倍数

　6，12，18，24，30，36，42，
48，54，60，66，72，78，84，
90，96，102，108，114，120，
126，132，138，144，150，
156，162，168，174，180，
186，192，198，204，210，
216，222，228，234，⑳（240），
246，…

15の倍数

　15，30，45，60，75，90，
105，120，135，150，165，
180，195，210，225，（240），
255，…

16の倍数

　16，32，48，64，80，96，
112，128，144，160，176，
192，208，224，（240），256，…

公倍数のうち，いちばん小さい数240が6と15と16の最小公倍数です。

3

解答

⑾　3：4　　⑿　9：5

解説

⑾　18と24の最大公約数6でわります。

$$18:24=3:4$$

別の解き方

　最大公約数が見つけにくい場合は，公約数でわっていきます。

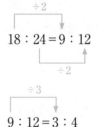

$$18:24=9:12$$

$$9:12=3:4$$

⑿　分母の4と12の最小公倍数12を
　かけて，分数の比を整数の比にな
　おします。

$$\frac{3}{4} : \frac{5}{12} = 9 : 5$$

> $a:b$の両方の数に同じ数をか
> けてできる比も，同じ数でわっ
> てできる比も，$a:b$と等しく
> なります。

4

解答

⒀　4.36　　⒁　2.4

⒂　28

解説

⒀　$\frac{1}{10}$にすると，小数点が左に1
　けた移ります。

　　4 . 3 6

> 小数を$\frac{1}{10}$，$\frac{1}{100}$，$\frac{1}{1000}$にする
> と，小数点は，それぞれ左に1
> けた，2けた，3けた移ります。

⒁　$\frac{12}{5} = 12 \div 5 = 2.4$

> 分数を小数で表すには，分子を
> 分母でわります。
>
> $\frac{\triangle}{\square} = \triangle \div \square$

⒂　15が4倍されているので，7も
　4倍します。

$$7 : 15 = \boxed{} : 60$$

$$7 \times 4 = 28$$

（たしかめ方）

　比の値を比べます。

　7：15の比の値は，

　　$7 \div 15 = \frac{7}{15}$

　28：60の比の値は，

　　$28 \div 60 = \frac{28}{60} = \frac{7}{15}$

　比の値が等しいので，2つの比
は等しいといえます。

> $a : b = c : d$のとき$\frac{a}{b} = \frac{c}{d}$

5

解答

⒃　24cm　　⒄　12枚

解説

(16)　6cmと8cmをそれぞれ何倍かして同じ長さになればよいので，最小公倍数で考えます。6と8の最小公倍数は24だから，正方形の1辺は24cmです。

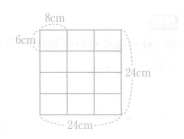

(17)　(16)より，縦は，
$$24 \div 6 = 4（枚）$$
横は，
$$24 \div 8 = 3（枚）$$
よって，全部で
$$4 \times 3 = 12（枚）$$

6

(18)　0.64m　　(19)　528m

解説

(18)　30歩歩いて進んだ道のりの合計を歩数でわります。
$$19.2 \div 30 = 0.64（m）$$

平均＝合計÷個数

(19)　（家から駅までの道のり）
　＝（歩はばの平均）×（歩数）
と考えればよいから，
$$0.64 \times 825 = 528（m）$$

合計＝平均×個数

7

(20)　37.68cm　　(21)　36cm

解説

(20)　半径が6cmの円で，円周率が3.14だから，円周の長さは，
$$6 \times 2 \times 3.14 = 37.68（cm）$$

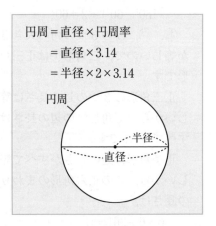

円周＝直径×円周率
　　＝直径×3.14
　　＝半径×2×3.14

(21)

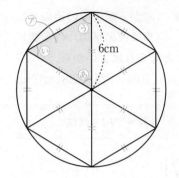

6cm

　あは，円の中心のまわりを6等
分したときの1つの角の大きさだ
から，

　　$360° \div 6 = 60°$

　三角形⑦は，円の半径を2つの
辺とする二等辺三角形だから，い
と⑤の角の大きさは，

　　$(180° - 60°) \div 2 = 60°$

　あ，い，⑤の3つの角の大きさ
が等しいので，三角形⑦は正三角
形です。

　正三角形の3つの辺の長さは等
しいから，三角形⑦の辺の長さは
すべて6cmです。

　正多角形は辺の長さがすべて等
しいから，この正六角形のまわり
の長さは，

　　$6 \times 6 = 36 \text{(cm)}$

8

解答

(22)　$324 \times \dfrac{2}{9} = 72$

　　　　　　　（答え）　72ページ

(23)　105ページ

解説

(22)　昨日読んだのは324ページのう
　ちの$\dfrac{2}{9}$だから，

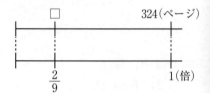

$$324 \times \dfrac{2}{9}$$

かけられる数を
分子にかける

$$= \dfrac{\overset{36}{324} \times 2}{\underset{1}{9}}$$

←とちゅうで約分する

$$= 72 \text{(ページ)}$$

(23)　(22)より，残っていたページは
　　　$324 - 72 = 252 \text{(ページ)}$

　今日読んだページは，そのうち
　の$\dfrac{5}{12}$だから，

$$252 \times \dfrac{5}{12}$$

かけられる数を
分子にかける

$$= \dfrac{\overset{21}{252} \times 5}{\underset{1}{12}}$$

←とちゅうで約分する

$$= 105 \text{(ページ)}$$

別の解き方

今日残っていたページは，全体の

$$1 - \frac{2}{9} = \frac{9}{9} - \frac{2}{9} = \frac{7}{9}$$

今日読んだページは，そのうち

の$\frac{5}{12}$だから，

$$\frac{7}{9} \times \frac{5}{12} = \frac{7 \times 5}{9 \times 12} = \frac{35}{108}$$

全体で324ページだから，

$$324 \times \frac{35}{108}$$

かけられる数を分子にかける

$$= \frac{\overset{3}{324} \times 35}{\underset{1}{108}}$$ ← とちゅうで約分する

$$= 105 (ページ)$$

9

解答

㉔　6通り　　㉕　4通り

㉖　24通り

解説

㉔　4枚の中から2枚を選ぶ選び方は，次の6通りです。

$$赤 \Big\langle \begin{matrix} 青 \\ 黄 \\ 緑 \end{matrix} \qquad 青 \big\langle \begin{matrix} 黄 \\ 緑 \end{matrix} \\ 黄 - 緑$$

㉕　4枚の中から3枚を選ぶ選び方は，次の4通りです。

$$赤 \Big\langle \begin{matrix} 青 \big\langle \begin{matrix} 黄 \\ 緑 \end{matrix} \\ 黄 - 緑 \end{matrix} \\ 青 - 黄 - 緑$$

別の解き方

全部で4枚だから，3枚を選ぶとき，選ばないのは1枚です。選ばない1枚がどれかを考えても同じです。よって，4通りです。

㉖　あいこさんに赤の色紙を配るときの配り方は，次の6通りです。

あいこ　さき　まさみ　りえ

あいこさんに青，黄，緑の色紙を配るときの配り方もそれぞれ6通りだから，色紙の配り方は全部で，

$$6 \times 4 = 24 (通り)$$

⑵⑺ 3倍　　⑵⑻ 24cm

解説

⑵⑺ 次の図のように，辺DEと辺AB，
辺DCと辺AC，辺ECと辺BCが対
応しています。

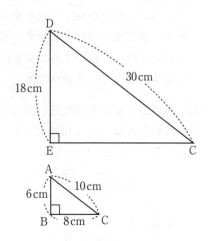

辺DEが18cm，辺ABが6cmだ
から，
$$18 \div 6 = 3 \text{（倍）}$$

⑵⑻ ⑵⑺より，三角形DECは，三角形
ABCの3倍の拡大図なので，対
応する辺の長さが3倍になります。
辺ECは辺BCの3倍の長さだから，
$$8 \times 3 = 24 \text{（cm）}$$

解答

⑵⑼ 25枚　　⑶⑩ 75枚

解説

⑵⑼ 図1の正三角形のタイルを3枚
と，正六角形のタイル1枚を使う
と，次の図のような，1辺の長
さが12cmの正三角形ができます。
この正三角形をあとします。

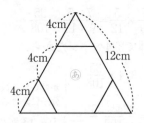

図2の1辺の長さが60cmの正
三角形をつくるのに，正三角形あ
を何個使うかを調べます。

図2の正三角形は，1辺の長さ
が60cmだから，
$$60 \div 12 = 5 \text{（個）}$$

次の図のように，1辺に正三角
形あが5個ずつ並びます。

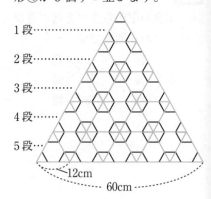

正三角形⑥は，上から，1段め
は1個，2段めは3個，3段めは
5個，4段めは7個，5段めは9
個並ぶから，全部で
　　1＋3＋5＋7＋9＝25（個）
　正三角形⑥1個につき正六角形
は1個だから，正六角形のタイル
は25枚使います。

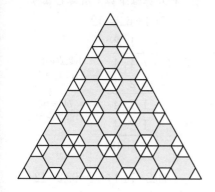

(30)　正三角形⑥1個につき1辺の長
　さが4cmの正三角形は3個だか
　ら，(29)より，正三角形のタイルの
　数は，
　　25×3＝75（枚）

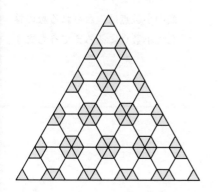

1

解答

(1) 38.61　　(2) 87.2

(3) $1\dfrac{23}{35}\left(\dfrac{58}{35}\right)$　　(4) $\dfrac{3}{4}$

(5) $5\dfrac{1}{3}\left(\dfrac{16}{3}\right)$　　(6) $\dfrac{4}{25}$

(7) $\dfrac{28}{75}$　　(8) $\dfrac{9}{22}$

解説

(1) 筆算で計算します。

```
        4 . 9 ⑤   ← 小数点より下の
                    けた数 2
    ×     7 . ⑧   ← 小数点より下の
                    けた数 1
    3  9  6  0
  3  4  6  5       小数点より下の
                    けた数の和
  3 8 . ⑥ ① ⓪   ← 2+1＝3
```

> 小数のかけ算の筆算は，右側に
> そろえて書き，整数のかけ算と
> 同じように計算します。
> 積の小数点は，小数点より下の
> けた数が，かけられる数とかけ
> る数の小数点より下のけた数の
> 和と同じになるようにうちます。

(2) わり算は，ひき算より先に計算
します。

$$99.2 - 74.4 \div 6.2$$

わり算は筆算で計算します。

$$74.4 \div 6.2 = 12$$

```
            1  2
    6 , 2 ) 7 4 , 4
   10倍      6 2   10倍      744÷62
            1 2 4          の計算をする
            1 2 4
                0
```

小数点の位置を右に1つずらす

$$99.2 - 74.4 \div 6.2 = 99.2 - 12$$
$$= 87.2$$

> 小数のわり算は，わる数とわら
> れる数の小数点を同じ数だけ右
> に移し，わる数を整数になおし
> て計算します。
> 商の小数点は，わられる数の移
> した小数点にそろえてうちます。

(3) $\dfrac{4}{5}+\dfrac{6}{7}$

分母を5と7の
最小公倍数の35
にする

$=\dfrac{4\times7}{5\times7}+\dfrac{6\times5}{7\times5}$

$=\dfrac{28}{35}+\dfrac{30}{35}$

$=\dfrac{58}{35}$

$=1\dfrac{23}{35}$

分母のちがう分数のたし算・ひ
き算は，通分して(分母が同じ
分数になおして)計算します。

(4) $2\dfrac{5}{12}-1\dfrac{2}{3}$

帯分数を仮分数に
なおす

$=\dfrac{29}{12}-\dfrac{5}{3}$

分母を12と3の
最小公倍数の12
にする

$=\dfrac{29}{12}-\dfrac{5\times4}{3\times4}$

$=\dfrac{29}{12}-\dfrac{20}{12}$

$=\dfrac{9}{12}$

約分する

$=\dfrac{3}{4}$

(5) $\dfrac{8}{15}\times10$

かける数を分子に
かける

$=\dfrac{8\times\overset{2}{10}}{\underset{3}{15}}$ ← とちゅうで約分する

$=\dfrac{16}{3}$

$=5\dfrac{1}{3}$

分数×整数は，分母はそのまま
にして，分子に整数をかけます。

$$\dfrac{\triangle}{\square}\times\bigcirc=\dfrac{\triangle\times\bigcirc}{\square}$$

(6) $\dfrac{16}{25}\div4$

わる数を分母に
かける

$=\dfrac{\overset{4}{16}}{25\times\underset{1}{4}}$ ← とちゅうで約分する

$=\dfrac{4}{25}$

分数÷整数は，分子はそのまま
にして，分母に整数をかけます。

$$\dfrac{\triangle}{\square}\div\bigcirc=\dfrac{\triangle}{\square\times\bigcirc}$$

(7) $\dfrac{7}{10}\times\dfrac{8}{15}$

$=\dfrac{7\times\overset{4}{8}}{\underset{5}{10}\times15}$ ← とちゅうで約分する

$=\dfrac{28}{75}$

分数×分数は，分母どうし，
分子どうしをかけます。

$$\dfrac{\triangle}{\square}\times\dfrac{\bigcirc\!\!\!\bigcirc}{\bigcirc}=\dfrac{\triangle\times\bigcirc\!\!\!\bigcirc}{\square\times\bigcirc}$$

(8) $2\dfrac{7}{10} \div 6\dfrac{3}{5}$ ← 帯分数を仮分数になおす

$= \dfrac{27}{10} \div \dfrac{33}{5}$

← わる数の逆数をかける

$= \dfrac{27}{10} \times \dfrac{5}{33}$

$= \dfrac{27 \times \overset{1}{\cancel{5}}}{\underset{2}{\cancel{10}} \times \underset{11}{\cancel{33}}}$ ← とちゅうで約分する

$= \dfrac{9}{22}$

分数÷分数は, わる数の逆数(分母と分子を入れかえたもの)をかけます。

$\dfrac{\triangle}{\square} \div \dfrac{\bigcirc}{\bigcirc} = \dfrac{\triangle}{\square} \times \dfrac{\bigcirc}{\bigcirc} = \dfrac{\triangle \times \bigcirc}{\square \times \bigcirc}$

逆数

2

解答

(9) 8   (10) 70

解説

(9) それぞれの数の約数を求めます。

48の約数

①, ②, 3 , ④, 6 , ⑧, 12, 16, 24, 48

56の約数

①, ②, ④, 7 , ⑧, 14, 28, 56

公約数は,

1 , 2 , 4 , 8

このうち, いちばん大きい数8が48と56の最大公約数です。

別の解き方1

2つの数のうち, 小さいほうの48の約数を求めます。

1 , 2 , 3 , 4 , 6 , 8 , 12, 16, 24, 48

56を48の約数のうちの大きい数から順にわっていきます。

$56 \div 48 = 1$ あまり8

$56 \div 24 = 2$ あまり8

$56 \div 16 = 3$ あまり8

$56 \div 12 = 4$ あまり8

$56 \div 8 = 7$

56をわり切ることができるいちばん大きい数8が48と56の最大公約数です。

別の解き方2

2つの数を, 共通の約数でわれるだけわっていきます。

```
2 ) 48  56
2 ) 24  28   ← 48と56を2でわった商
2 ) 12  14   ← 24と28を2でわった商
      6   7   ← 12と14を2でわった商
2×2×2=8  ← 最大公約数は8
```

この方法をすだれ算といいます。

⑽ それぞれの数の倍数を求めます。

10の倍数

  10, 20, 30, 40, 50, 60,

  ⑺0, 80, …

14の倍数

  14, 28, 42, 56, ⑺0, 84,

  …

35の倍数

  35, ⑺0, 105, …

公倍数のうち, いちばん小さい数70が10と14と35の最小公倍数です。

3
解答

⑾　5 : 9　　⑿　3 : 2

解説

⑾ 25と45の最大公約数 5 でわります。

$$25 : 45 = 5 : 9$$

⑿ 分母の 5 と15の最小公倍数15をかけて, 分数の比を整数の比になおします。

$$\frac{1}{5} : \frac{2}{15} = 3 : 2$$

> $a : b$ の両方の数に同じ数をかけてできる比も, 同じ数でわってできる比も, $a : b$ と等しくなります。

4
解答

⒀　5940　　⒁　0.625

⒂　48

解説

⒀ 1000倍すると, 小数点が右に 3 けた移ります。

  5、9 4 0.

> 小数を10倍, 100倍, 1000倍すると, 小数点は, それぞれ右に 1 けた, 2 けた, 3 けた移ります。

⑭ $\dfrac{5}{8} = 5 \div 8 = 0.625$

> 分数を小数で表すには，分子を
> 分母でわります。
>
> $\dfrac{\triangle}{\square} = \triangle \div \square$

⑮ 7が4倍されているので，12も
4倍します。

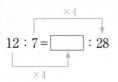

$$12 : 7 = \boxed{} : 28$$

$$12 \times 4 = 48$$

（たしかめ方）

比の値を比べます。

12：7の比の値は，

$$12 \div 7 = \dfrac{12}{7}$$

48：28の比の値は，

$$48 \div 28 = \dfrac{48}{28} = \dfrac{12}{7}$$

比の値が等しいので，2つの比
は等しいといえます。

> $a : b = c : d$ のとき $\dfrac{a}{b} = \dfrac{c}{d}$

解答

⑯　3.57L　　⑰　1.2倍

解説

⑯　$4.2 \times 0.85 = 3.57$（L）

```
        4 . ②  ← 小数点より下のけた数 1
   ×  0 . ⑧ ⑤  ← 小数点より下のけた数 2
   ──────────
        2 1 0
      3 3 6
   ──────────
   3 . ⑤ ⑦ ⓪  ← 小数点より下のけた数
                 の和  1 + 2 = 3
```

⑰　$4.2 \div 3.5 = 1.2$（倍）

```
              1 . 2
   3.5 ) 4 2 . 0   ← 0をつけたす
   10倍   3 5    10倍   小数点の位置を
   ──────          右に1つずらす
          7 0
                        42 ÷ 35
          7 0          の計算をする
   ──────
            0
```

6

解答

⑱ 935円   ⑲ 17円

解説

⑱ もとにする量
　　…皿の値段（850円）
　　割合…10％（0.1）
　　求めるものは比べる量だから，
　　　850×0.1＝85（円）

　　　↑もとに　↑割合
　　　する量

　　この皿の代金は，
　　　850＋85＝935（円）

別の解き方

　　値段の10％の消費税を加えた代
金は，値段の（100＋10）％にあた
ります。
　　（100＋10）％は（1＋0.1）だから，
この皿の代金は，
　　　850×（1＋0.1）＝935（円）

比べる量＝もとにする量×割合

割合を 表す小数	1	0.1	0.01	0.001
百分率 （％）	100	10	1	0.1

⑲ もとにする量
　　…皿の値段（850円）
　　比べる量…消費税
　　割合…8％（0.08）
　　求めるものは比べる量だから，
　　　850×0.08＝68（円）

　　　↑もとに　↑割合
　　　する量

　　8％のときの皿の代金は，
　　　850＋68＝918（円）
　　代金のちがいは，
　　　935－918＝17（円）
　　10％のときの代金より17円安い
です。

別の解き方1

　　10％のときの消費税は，
　　　850×0.1＝85（円）
　　8％のときの消費税は，
　　　850×0.08＝68（円）
　　　85－68＝17（円）
　　10％のときの代金より17円安い
です。

別の解き方2

　　消費税の割合のちがいは，
　　　10－8＝2（％）
　　よって，
　　　850×0.02＝17（円）
　　10％のときの代金より17円安い
です。

7

解答

(20) 72°   (21) 84°

解説

(20) 三角形の3つの角の大きさの和
は180°だから，あの角の大きさは，
$$180° - (60° + 48°) = 72°$$

> 三角形の3つの角の大きさの和
> は180°

(21)

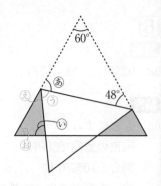

あと⑤の角の大きさは等しいか
ら，えの角の大きさは，
$$180° - 72° \times 2 = 36°$$
おの角の大きさは正三角形の1
つの角だから，60°です。
い，え，おの角の大きさの和は
180°だから，いの角の大きさは
$$180° - (36° + 60°) = 84°$$

> 一直線の角の大きさは180°

8

(22) $1\dfrac{3}{7} \div \dfrac{5}{8} = \dfrac{10}{7} \times \dfrac{8}{5}$

$\qquad\qquad = \dfrac{16}{7}$

$\qquad\qquad = 2\dfrac{2}{7}$

$\qquad\qquad\qquad$ (答え) $\quad 2\dfrac{2}{7}\left(\dfrac{16}{7}\right)$m

(23) $6\dfrac{1}{4}\left(\dfrac{25}{4}\right)$m^2

解説

(22) 面積が$1\dfrac{3}{7}$m^2，縦の長さが$\dfrac{5}{8}$m

だから，横の長さは，

$1\dfrac{3}{7} \div \dfrac{5}{8}$ ┐ 帯分数を仮分数に
 なおす

$= \dfrac{10}{7} \div \dfrac{5}{8}$

$= \dfrac{10}{7} \times \dfrac{8}{5}$ ◄ わる数の逆数を
 かける

$= \dfrac{10 \times 8}{7 \times 5}$ ◄ とちゅうで約分する

$= \dfrac{16}{7}$

$= 2\dfrac{2}{7}$(m)

(23) 畑の1辺の長さは，花だんの縦

の長さ$\dfrac{5}{8}$mの4倍だから，

$\dfrac{5}{8} \times 4$ ┐ かける数を分子に
 かける

$= \dfrac{5 \times 4}{8}$ ◄ とちゅうで約分する

$= \dfrac{5}{2}$(m)

畑の面積は，

$\dfrac{5}{2} \times \dfrac{5}{2} = \dfrac{5 \times 5}{2 \times 2}$

$\qquad\qquad = \dfrac{25}{4}$

$\qquad\qquad = 6\dfrac{1}{4}$(m^2)

9

(24) 15通り　　(25) 60通り

(26) 6通り

解説

(24) プログラムAからアナウンサー，

プログラムBから銀行員を選ぶ選

び方は，次の3通りです。

$\qquad$ A $\qquad\qquad$ B $\qquad\qquad$ C

$\qquad\qquad\qquad\qquad\qquad$ パン職人

アナウンサー——銀行員 ⟨ シェフ

$\qquad\qquad\qquad\qquad\qquad$ パティシエ

プログラムBから美容師，新聞

記者，裁判官，看護師を選ぶとき

の選び方もそれぞれ3通りだから，

$\qquad$ 3×5 = 15(通り)

⑵⑸ プログラムAから消防士，電車運転士，保育士を選ぶときの選び方も，⑵⑷と同様にそれぞれ15通りだから，職業の選び方は全部で，

$$15 \times 4 = 60（通り）$$

⑵⑹ みなこさんの3つの職業の選び方は，次の6通りです。

A　　　B　　　　C

消防士 ― 銀行員 ⟨ パン職人
シェフ
パティシエ

保育士 ― 銀行員 ⟨ パン職人
シェフ
パティシエ

10

解答

⑵⑺　750cm³　　⑵⑻　200.96cm³

解説

⑵⑺ 底面積が50cm²，高さが15cmの三角柱だから，体積は，

$$50 \times 15 = 750（\text{cm}^3）$$

角柱，円柱の体積＝底面積×高さ

⑵⑻ 底面の円の半径が4cm，高さが8cmの円柱の体積を求めます。
円周率は3.14だから，底面の円の面積は，

$$4 \times 4 \times 3.14 = 50.24（\text{cm}^2）$$

円柱の体積は，

$$50.24 \times 8 = 401.92（\text{cm}^3）$$

円柱を半分に切った形なので，

$$401.92 \div 2 = 200.96（\text{cm}^3）$$

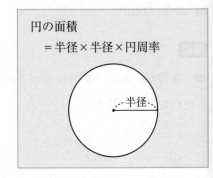

円の面積
＝半径×半径×円周率

半径

解答

(29) 3番め　(30) 6個

解説

(29) あみだくじを2個つないだとき, 出席番号③の人は, 下の図のように進むから, 3番めになります。

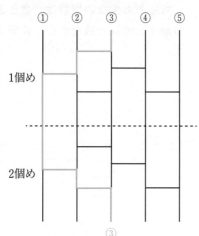

1番め　2番め　3番め　4番め　5番め

(30) (29)のあと, さらに3個, 4個, …とあみだくじをつないでいきます。

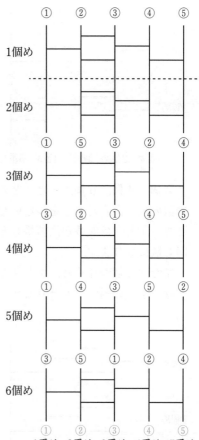

1番め　2番め　3番め　4番め　5番め

順番が出席番号と同じ数になるのは, あみだくじを6個つないだときです。

別の解き方

あみだくじを2個つなぐと、①と③はもとの場所にもどります。

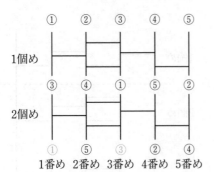

2個、4個、6個、…と、2の倍数の数のあみだくじをつないだとき、①と③は順番が出席番号と同じ数になります。

また、3個つなぐと、②と④と⑤は、もとの場所にもどります。

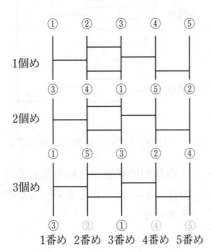

3個、6個、9個、…と、3の倍数の数のあみだくじをつないだとき、②と④と⑤は順番が出席番号と同じ数になります。

このことから、2と3の公倍数の数のあみだくじをつないだとき、全員の順番が出席番号と同じ数になることがわかります。

もっとも少ない個数は、2と3の最小公倍数の数だから、6個です。

1	(1)	18	**3**	(11)	3 : 5
	(2)	8.55		(12)	15 : 1
	(3)	$1\frac{11}{12}\left(\frac{23}{12}\right)$	**4**	(13)	91.2
	(4)	$\frac{17}{30}$		(14)	0.125
	(5)	$6\frac{2}{3}\left(\frac{20}{3}\right)$		(15)	42
	(6)	$\frac{2}{27}$	**5**	(16)	13 (個)
	(7)	$3\frac{5}{9}\left(\frac{32}{9}\right)$		(17)	23
	(8)	$3\frac{1}{2}\left(\frac{7}{2}\right)$	**6**	(18)	320 (g)
2	(9)	8		(19)	260
	(10)	120	**7**	(20)	12 cm^2

7	(21)	80 cm²
8	(22)	145（cm以上）150（cm未満）
	(23)	9　　　　（人）
	(24)	身長が155cm以上160cm未満の階級の人数は3人だから $3 \div 30 \times 100 = 10$ （答え）　　10　　　（%）
9	(25)	5 ： 6
	(26)	36　　　（ページ）
10	(27)	（辺）　JI
	(28)	6　　　（本）
11	(29)	9.5　　　（分）
	(30)	4

1		
	(1)	0.9
	(2)	21.3
	(3)	$\frac{29}{35}$
	(4)	$\frac{17}{18}$
	(5)	$5\frac{1}{3}\left(\frac{16}{3}\right)$
	(6)	$\frac{3}{25}$
	(7)	$\frac{3}{16}$
	(8)	$\frac{3}{8}$
2	(9)	9
	(10)	84

3	(11)	4 : 7
	(12)	1 : 8
4	(13)	0.786
	(14)	1.4
	(15)	14
5	(16)	2.7
	(17)	9.45
6	(18)	2.5 kg
	(19)	0.5 m²
7	(20)	8 (cm)

太わくの部分は必ず記入してください。

ここにバーコードシールを
はってください。

ふりがな		受検番号
姓	名	—

生年月日 大正 昭和 平成 西暦 年 月 日生

性別（□をぬりつぶしてください）男□ 女□ 　年齢　　歳

□□□-□□□□

住所

/30

公益財団法人 日本数学検定協会

7	(21)	(点)　　　ア，ケ
8	(22)	5　　　　　（人）
	(23)	8　　　　　（人）
	(24)	２５（分以上）　３０（分未満）
9	(25)	$x \times 12 = y$
	(26)	$(y=)$　　　５４
10	(27)	
	(28)	㋑，㋓
11	(29)	5
	(30)	２３

1	(1)	6.5	**3**	(11)	4 : 7
	(2)	4.4		(12)	3 : 4
	(3)	$\frac{11}{15}$	**4**	(13)	10.245
	(4)	$\frac{5}{12}$		(14)	4.8
	(5)	$1\frac{1}{7}\left(\frac{8}{7}\right)$		(15)	15
	(6)	$\frac{1}{18}$	**5**	(16)	$3\frac{23}{24}\left(\frac{95}{24}\right)$ m
	(7)	$\frac{7}{20}$		(17)	$\frac{19}{24}$ m
	(8)	$1\frac{1}{9}\left(\frac{10}{9}\right)$	**6**	(18)	9 (点)
2	(9)	9		(19)	10 (点)
	(10)	210	**7**	(20)	3 (cm)

ここにバーコードシールをはってください。

公益財団法人 日本数学検定協会

68

7	(21)	(点)	ア，キ	
	(22)		$200-x=y$	
8	(23)	($y=$)	160	
	(24)	($x=$)	110	
9	(25)		6	(通り)
	(26)		24	(通り)
10	(27)	$6\times6\times3.14=113.04$ （答え）113.04		(cm²)
	(28)		50.24	(cm²)
11	(29)		121	(個)
	(30)		72	(個)

1	(1)	35.808
	(2)	45.3
	(3)	$1\frac{8}{15}\left(\frac{23}{15}\right)$
	(4)	$\frac{3}{8}$
	(5)	$2\frac{1}{5}\left(\frac{11}{5}\right)$
	(6)	$\frac{2}{75}$
	(7)	$\frac{7}{45}$
	(8)	$3\frac{3}{4}\left(\frac{15}{4}\right)$
2	(9)	6
	(10)	150

3	(11)	$8 : 9$
	(12)	$2 : 15$
4	(13)	1.234
	(14)	0.4
	(15)	84
5	(16)	2.5 （倍）
	(17)	28.9 （m²）
6	(18)	115 （円）
	(19)	B （の店）
7	(20)	128 cm²

7	(21)	350 cm²
8	(22)	12 ： 13
	(23)	$120 \times \frac{8}{15} = 64$ (答え) 64 （人）
9	(24)	300 （cm以上）320 （cm未満）
	(25)	320 （cm以上）340 （cm未満）
	(26)	30 （%）
10	(27)	⑦, ⑨, ⑨, ⑩
	(28)	①, ⑦
11	(29)	46 （日）
	(30)	21 （日）

1	(1)	84	
	(2)	69.6	
	(3)	$1\frac{3}{10}\left(\frac{13}{10}\right)$	
	(4)	$\frac{7}{15}$	
	(5)	$1\frac{2}{3}\left(\frac{5}{3}\right)$	
	(6)	$\frac{2}{63}$	
	(7)	$\frac{5}{18}$	
	(8)	$4\frac{1}{5}\left(\frac{21}{5}\right)$	
2	(9)	8	
	(10)	240	

3	(11)	3 : 4	
	(12)	9 : 5	
4	(13)	4.36	
	(14)	2.4	
	(15)	28	
5	(16)	24	(cm)
	(17)	12	(枚)
6	(18)	0.64	(m)
	(19)	528	(m)
7	(20)	37.68 cm	

太わくの部分は必ず記入してください。

ここにバーコードシールを
はってください。

ふりがな			受検番号
姓	名		―

生年月日 大正 昭和 平成 西暦 年 月 日生

性別（□をぬりつぶしてください）男□ 女□ 年齢 歳

住所 □□□-□□□□

/30

公益財団法人 日本数学検定協会

7	(21)	36 cm	
8	(22)	$324 \times \dfrac{2}{9} = 72$ (答え)　　72　　（ページ）	
	(23)	105	（ページ）
9	(24)	6	（通り）
	(25)	4	（通り）
	(26)	24	（通り）
10	(27)	3	（倍）
	(28)	24	（cm）
11	(29)	25	（枚）
	(30)	75	（枚）

1	(1)	38.61	**3**	(11)	5 ： 9	
	(2)	87.2		(12)	3 ： 2	
	(3)	$1\frac{23}{35}\left(\frac{58}{35}\right)$	**4**	(13)	5940	
	(4)	$\frac{3}{4}$		(14)	0.625	
	(5)	$5\frac{1}{3}\left(\frac{16}{3}\right)$		(15)	48	
	(6)	$\frac{4}{25}$	**5**	(16)	3.57　(L)	
	(7)	$\frac{28}{75}$		(17)	1.2　(倍)	
	(8)	$\frac{9}{22}$	**6**	(18)	935　(円)	
2	(9)	8		(19)	17　(円)	
	(10)	70	**7**	(20)	72　(度)	

ここにバーコードシールを
はってください。

公益財団法人 **日本数学検定協会**

7	(21)	84 (度)	

| 8 | (22) | $1\dfrac{3}{7} \div \dfrac{5}{8} = \dfrac{10}{7} \times \dfrac{8}{5}$ $= \dfrac{16}{7}$ $= 2\dfrac{2}{7}$

 (答え) $2\dfrac{2}{7}\left(\dfrac{16}{7}\right)$ (m) | |
| | (23) | $6\dfrac{1}{4}\left(\dfrac{25}{4}\right)$ (m²) | |

9	(24)	15 (通り)	
	(25)	60 (通り)	
	(26)	6 (通り)	

10	(27)	750 cm³	
	(28)	200.96 cm³	

11	(29)	3 (番め)	
	(30)	6 (個)	

算数検定